测井曲线地质解义

李　浩　刘双莲　李健伟　杜　娟◎编著

中国石化出版社

图书在版编目（CIP）数据

测井曲线地质解义／李浩等编著. —北京：中国
石化出版社，2019.8
ISBN 978-7-5114-5397-6

Ⅰ.①测… Ⅱ.①李… Ⅲ.①测井曲线–研究 Ⅳ.
①P631.8

中国版本图书馆 CIP 数据核字（2019）第 147987 号

中国石化出版社出版发行

地址:北京市东城区安定门外大街 58 号
邮编:100011　电话:(010)57512446
发行部电话:(010)57512575
http://www.sinopec-press.com
E-mail:press@sinopec.com
北京柏力行彩印有限公司印刷
全国各地新华书店经销

*
787×1092 毫米 16 开本 9 印张 210 千字
2019 年 7 月第 1 版　2019 年 7 月第 1 次印刷
定价:63.00 元

时光飞逝，转眼已走过 21 世纪的第 18 个年头，然而制约测井评价的瓶颈仍在，人们期待有所突破，却始终走不出思维的局限。测井技术创新的思维盲点在哪里呢？

固有观念是产生思维盲点的"元凶"，它的破除永远是新发现之始。正如苏轼在其名作《题西林壁》中云："横看成岭侧成峰，远近高低各不同。不识庐山真面目，只缘身在此山中。"该诗深富哲理，提出了改变认知的两个路径：一是角度路径。不同背景、不同层级之人解读的"庐山"会不一样。二是格局路径。跳出庐山，才可能看清其真实面貌，只在此山中就会困于局限空间，产生"坐井观天，以井为天"的片面认识。可见，就方法而言，视角和格局或是芸芸众生的悟道之梯。

回到专业，测井曲线就是石油工业界的"庐山"。因为地质、工程及地震诸专业皆用之，大家横看侧看、各取峰岭，曾解决了各自的些许问题，但终究还是局限在其"峰岭"，而尚未涉及事物的本质或精细分类。

以致密砂岩为例，截至 2016 年，中国石化此类天然气未动用储量占比达 63.5%，数千亿之巨的储量难以动用，究其原因是缺乏甜点识别技术，而测井曲线解读太少是其中要害。大家"望山兴叹"，知有甜点而无从下手，耿耿于怀，又倍感无奈。其中，地质学家苦寻证据，却读不懂测井曲线的"天书"，因而其地质预测难免败于证据不足；工程专家"望穿秋水"，却觅不到测井曲线的"真经"，施工时不免底气不足；地震专家期待依靠，却苦于井-震结合之难，预测精度常有失水准；测井专业更像是不知错在哪里的孩童，饱受指责仍一脸茫然。以上种种皆因看不懂测井曲线的本质而付出了沉重代价，实在可惜！

观察视角的改变，能推动学术思维与技术创新。测井专业长期固定于地球物理视角，如果将其切换到地质或工程因素，会不会有新发现呢？这是一个重大学术问题，也是一种创新机遇。尝试一下也许不难，只需查看已知地质事件是否引发测井曲线异动，以及该异动是否含有因果，谜底即被揭晓，工程方面同理可证。当前存在的问题是，长期形成的习惯使人们缺乏变更观察视角的意识，故此类尝试异常稀缺。就像走到迷宫出口的门边，却仍看不出端倪，以致眼前别有洞天却浑然不觉。

笔者 20 多年来孜孜不倦做科研，就是希望指引人们从不同角度寻找另一"洞天"，以期破解复杂储层甜点预测难题。

地质事件与测井曲线的关系研究是本书之灵魂。它针对现代地层干扰因素多，地质和测井专业的研究证据稀缺等现状，目的是通过识别测井曲线中的地质事件，建立基于可信证据的论证系统。本书旨在解决复杂储层认知不确定性的难题，避免油气藏评价误入"险境"。同时，也是笔者于 2015 年出版的《测井曲线地质含义解析》的延伸。本书以《测井曲线地质含义解析》为基础，进一步夯实了测井曲线内含的三个地质属性理论基础，目的是指导读者正确解读测井曲线中的地质含义，前者偏向理论，而本书更偏实战，二者相辅相成，相得益彰。

全书由李浩统稿，其他学者各施专长。其中，刘双莲博士主笔撰写完成第四章、第五章和第七章以及第八章第二节内容，她研究岩屑砂岩与甜点的关系多年，功力深厚，书中许多新颖观点离不开她长期钻研测井曲线；李健伟和杜娟两位测井专家参与了第一章、第三章的撰写，他们长期深耕鄂尔多斯盆地，所获成绩斐然，在书中，他们对该盆地的测井认识着墨良多。另外，中国石化石油勘探开发研究院李军教授、付维署、张爱芹、南泽宇、胡瑶、张军、刘志远、胡松、申本科、王晓畅、苏俊磊、路菁、邹友龙、于文芹，中国石化西南油气分公司王国力副总经理以及中国石化华北工程公司冉利民、周贤斌、滑爱军、陈利雯、齐真真、王磊、赵京红、刘珺、陈龙川、高勃胤等为本书编写提供了诸多参考和有益指导，中国石化出版社对本书出版提供了大力支持，在此向他们致以敬意。

笔者坚信，以测井曲线内含的三种地质属性为理论基础，以地质事件的识别为手段，以不同地质事件之间的演化关系为分析思路，是测井地质研究的全新方向，它极可能将测井曲线的应用推向新境界。

目 录
CONTENTS

第一章 测井曲线与地质事件的关系 ……………………………………… 1

第一节 现代测井评价的困惑常源于地质认知缺失 ……………………… 1

第二节 现代油气发现的困惑亦源于地质认知缺失 ……………………… 7

第三节 新事件的识别可能会引发蝴蝶效应 …………………………… 12

第二章 测井曲线地质解义的原理与方法 …………………………… 18

第一节 测井曲线地质解义原理 ……………………………………… 18

第二节 测井曲线地质解义方法 ……………………………………… 19

第三节 测井曲线地质解义应用案例 ………………………………… 27

第三章 地质事件与油气复查理论 ………………………………… 34

第一节 测井评价漏失油气的原因 …………………………………… 34

第二节 地质事件与大港油田的油气复查 …………………………… 36

第三节 地质事件与大牛地气田的油气复查 ………………………… 43

第四章 地质事件与低阻油气层分布及成因 ……………………… 55

第一节 地质事件与低阻油气层分布 ………………………………… 55

第二节 地质事件与低阻油气层类型划分 …………………………… 58

第三节 地质事件是低阻油气层研究的基石 ………………………… 72

第五章 地质事件的测井识别方法 ………………………………… 73

第一节 地质事件与测井曲线的因果辨别 …………………………… 73

第二节 构造事件的测井识别 ………………………………………… 75

第三节 沉积事件的测井识别 ………………………………………… 84

第四节 其他事件的测井识别 ………………………………………… 88

第五节 地质事件识别与研究的三个层次 …………………………… 90

第六章　地质事件与测井评价认识论 ················· 92

第一节　构造事件对测井评价的决定因素 ··················· 92

第二节　流体竞争与孔道的分配归属 ······················· 98

第三节　油气与岩性之间的选择关系 ······················· 99

第七章　地质事件与测井评价案例 ·················· 106

第一节　元坝陆相测井评价的问题与对策 ················· 106

第二节　地质事件指导流体识别 ··························· 110

第三节　测井评价与油气勘探部署的关系分析 ············· 117

第八章　地质事件与油气预测 ····················· 120

第一节　利用压力预测指导探井部署 ····················· 120

第二节　裂缝型储层的预测案例分析 ····················· 123

第三节　基于测井技术的预测应用展望 ··················· 130

参考文献 ··· 132

后记 ··· 137

第一章　测井曲线与地质事件的关系

地质历史亦如人类历史，由一个个事件串起，历史变迁可寻迹其中。事件诱因各异，重大事件更因能主导走向而凸显。可见，事件隐含着知古今、测未来的辙迹，是地质研究与预测的灵魂。地层记录了漫长岁月的事件演绎，而测井曲线是这种演绎的密码拷贝。

第一节　现代测井评价的困惑常源于地质认知缺失

近 20 年来，测井解释不准渐成常态，测井专业总被抛向风口浪尖。现实残酷，缘由成谜，唯归因于曲线信号"多解"以避之，举止无奈，恰凸显见识之狭。测井曲线未变，评价为何益难？实为地质事件暗中作祟。测井专业的地球物理思维已陷入困局，地质思维却待开启。

一、地质事件叠加是现代测井评价困惑的首因

静思而觉，测井评价的兴衰似冥冥中暗合于地质事件变迁。

从时空看，我国石油工业始于西部，重大突破却在东部。除储层新、埋藏浅等开发有利因素外，还有赖于拉张走滑事件使沉积相分异充分，岩屑矿物几乎损耗殆尽，故储层物质与孔隙成因较简单、油气测井信号突出，流体识别关系明确，测井专业声誉渐起；中西部石油工业近 20 年来在崛起，但进程曲折。这缘于盆地多发隆升事件，使沉积相分异有限，岩屑矿物复杂，它们与油气测井信号相混，加之孔隙结构测井信号的干扰，致使流体识别关系混乱，测井专业声誉渐损。

从地层看，我国于 20 世纪开发的地层多埋藏浅或时代新，而现已转向深、老地层。二者相较，后者多见强成岩与应力事件。其后果有三个：一是束缚水含量因储层孔道更弯曲而变多。与之相对，储层含油气饱和度及油气测井信号总体降低。二是饱和度计算的关键参数 m 值不再稳定，而成为变量。m 值一旦掺入上述事件信号，饱和度计算必错。三是应力或其伴生事件(如裂缝)会导致测井曲线附加形变，不仅干扰流体识别，而且干扰孔隙度及饱和度计算。单一事件已致困难不已，事件叠加更使测井评价莫衷一是。

从岩性看，碳酸盐岩、火山岩及页岩等的评价问题更多，地质事件因素更强。如碳酸盐岩和火山岩常见裂缝与流体成藏的事件叠加，二者的双侧向曲线可见多种相似"差异"组合，单事件的"差异"组合关系清楚，而一旦产生相似组合互扰，则流体判别堪忧，令地质学家"头痛"不已；页岩储层的复杂地质事件更多，面对多矿物、成藏及裂缝等事件叠加，测井专业目前还难以算准其饱和度。

由上可知，地质事件及其叠加因素似已将测井专业逼到墙角，测井评价将何去何从？如继续遵循地球物理的思维方式，等来的恐怕是痛苦而不安的求索。

二、测井曲线与地质事件因果相随

地质事件之于测井专业，如眼观细菌，"看不见"也"摸不着"，古人不知病因菌生，今人瞧测井亦不知"病"因何生。二者之间真如"道高一尺，魔高一丈"！破解之法可有？佛家有妙语——解铃还须系铃人。引人深思！既然"地质之魔"已把测井评价拖入困境，办法还应追本溯源。

地质事件"藏"于测井曲线。视之不见而无非两因：测井专业无意识和地质专业无手段。其实，测井实验早已侦知大量地质事件（如生油岩导致高自然伽马等），只是将它们一并归入了现象，如能改变认知，找到现象还原本质之法，那么，测井地质学将迎来质变。

根据地质学原理，地质事件成因不同，地层中就一定有专属于该成因的标志。测井曲线总会记录些许标志，成为事件鉴别的依据，只是它的示人方式过于隐蔽，我们不一定能看懂。偶尔有看懂它的机缘，常巧合于人们的观念、技能和知识结构。

在此，仍以火山岩裂缝与流体成藏的事件叠加为例，试做推导。

首先，来看两事件都有哪些双侧向"差异"组合。这种组合主要有两种：一种是正差异组合。当储层发育高角度裂缝或赋存油气时，可见该组合模式。另一种是无差异或负差异组合。当储层发育水层、低角度或水平裂缝时，可见该组合模式。这两种组合简单明了，但是混淆的组合又着实令人抓狂。

其中，上述事件组合的同向叠加，并不影响测井评价。反向叠加会引发曲线信号"多解"，让人迷惑。如高角度裂缝的水层、低角度裂缝的油气层或者网状裂缝储层等，传统测井技术每每困于此。另外，裂缝型储层成因于强应力，促使双侧向值异常增高，使双侧向的应力信号远大于流体信号，其绝对值难以直接区分油气与水，这些问题困扰测井评价久矣。

其次，来看两个事件都有哪些地质专属基因。裂缝事件主要成因于应力作用，地层的破裂给储层带来很多非均质性变化，如角度、裂缝开启的宽窄、裂缝充填物及充填状态等诸多变化，这些变化预示着非均质变化可能是裂缝事件的专属基因，是研究该类储层的要点；流体成藏事件主要成因于流体运移及充注，当同一种流体注入储层孔隙中时，这种流体属性的表现具有相对均质性，该均质属性与前者迥异。

第三，来看不同事件带给测井曲线的因果表达。事件的属性不同，测井曲线记录就可能不同，即使差别微小，亦含事件与曲线之因果，成为指认地质事件的依据。为了能从测井曲线上区分出这种因果差别，可优先窥测单一事件与测井曲线的因果关系，继而观察事件叠加后的因果变化。图1-1中的干层因排除流体成藏事件，成为刻度高角度裂缝事件的观察对象，图中最右侧一道的红色实心"蝌蚪"为天然张开缝（高导缝），粉色实心"蝌蚪"为机械成因的诱导缝，前者为靶，后者可略。左、右两个红圈深度对应，右侧红圈随深度增加，裂缝倾角由高变低；左侧红圈中双侧向正差异由大变小，最终收敛并几近重合。倾角与双侧向的这种"同步性"，与裂缝角度的非均质性变化，可构成因果表达。

深度/m 1:300	地层岩性分析			三孔隙度曲线			电阻率曲线		岩性剖面		测井解释		
	自然伽马/			密度/			深侧向电阻率/		泥质含量/		解释结论		
	0　API　300			1.85　(g/cm³)　2.85			2　Ω·m　20000		0　%　100				
	自然电位/			中子/			浅侧向电阻率/		凝灰岩/				
	100　mV　100			45　%　-15			2　Ω·m　20000		0　%　100				
	井径/			声波时差/					流纹岩/				
	10　cm　60			600　(μs/m)　100					0　%　100				

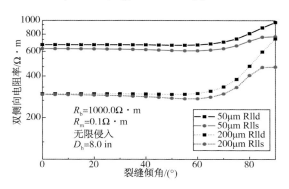

图1-1　YS101井裂缝事件与双侧向曲线成因关系图

图1-2为实验模拟的裂缝角度与双侧向差异变化关系图，该实验可作为上述推断的佐证。其横坐标为裂缝倾角，纵坐标为双侧向电阻率。该实验分别模拟了裂缝宽度为$50\mu m$和$200\mu m$时的双侧向电阻率变化，其中后者双侧向电阻率低于前者，双侧向变化范围与图1-1中接近，双侧向差异的变化规律与图1-1中完全吻合。证实了裂缝事件与双侧向曲线成因关系[其他模拟条件如下：基岩电阻率(R_b)为$1000\Omega·m$；泥浆滤液电阻率(R_m)为$0.1\Omega·m$；地层为无限侵入条件；井径(D_h)为$0.8ft$❶]。

图1-2　裂缝倾角与双侧向差异变化关系图

图1-3中的两个红圈为高角度裂缝与含气成藏事件叠加。该段双侧向近似"双轨"，虽然在深度3590m处裂缝倾角突变，但双侧向的差异与其上下无异，这似乎与流体充注事件联系更密切。

---

❶1ft＝0.3048m。

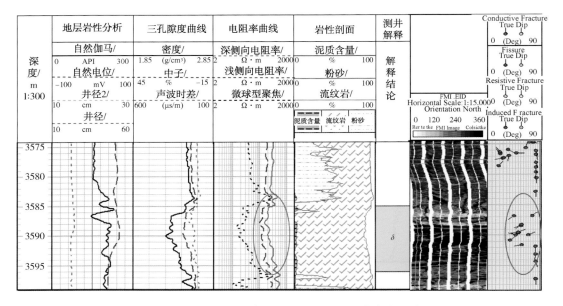

图1-3　YS1井裂缝、成藏事件叠加与双侧向曲线成因关系图

　　单事件与事件叠加的测量值是否有差别？单看曲线似无头绪，那么数据统计中是否有线索呢？图1-4为松南火山岩双侧向差异交会图，其目的也是分类观察单一事件（气层成藏）与叠加事件的双侧向差别。图中，纵坐标为深、浅侧向比值，横坐标为二者差值。统计气田两口早期探井，可见两个明显规律：一是叠加事件对双侧向的影响明显大于单一事件。无论深、浅侧向比值还是差值，叠加事件的变化均大于单一气层成藏事件；二是饱和度对深、浅侧向的影响有二分性。其中，YS1井位于构造高部位，其气层饱和度更高，故深、浅侧向差值明显大于YS101井。又因单一成藏事件的均值特征，二者的深、浅侧向比值差别小，不易区分。可见，事件的性质及事件的叠加与测井曲线是有因果关系的。只要观察方法正确，这种因果关系是可识别的。

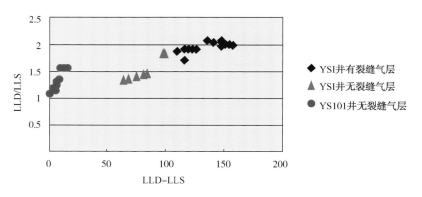

图1-4　松南火山岩双侧向差异交会图（孔隙度区间：5%~7%）

三、测井曲线对事件叠加的表达有选择权

新的研究发现，测井曲线对不同地质事件的敏感性各异。因此，利用好该敏感差异，也可能是破解事件叠加难题的有效办法。其中，发现测井曲线记录地质事件的选择次序或倾向是关键。

图 1-5 为利用笔者专利（专利号为：CN201410130972.2）区分裂缝事件的实例。方法如下：将不同孔隙度测井值（图中第三道）转换成孔隙度值（图中第四道），将转换值在干层重叠后，可明显看到：在高角度裂缝处，密度孔隙度明显大于声波孔隙度；在低角度裂缝处，则反之。这种关系与成像测井能够反复印证。

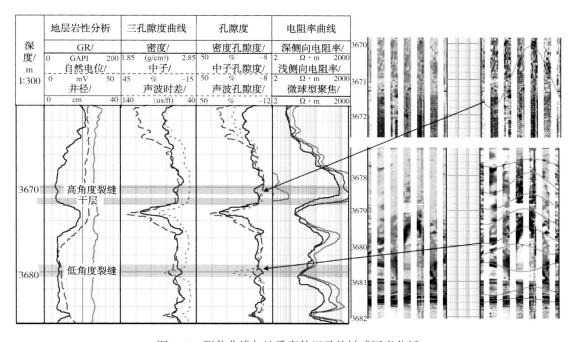

图 1-5　测井曲线与地质事件记录的敏感因素分析

利用传统技术识别致密砂岩的裂缝曾长期困扰着我们。而为什么三孔隙度测井就能轻易解决这项难题呢？这是因为测井曲线与裂缝的敏感关系各异，其中密度测井对高角度裂缝更敏感，而声波反之。其原理亦可推导：声波测井是声波沿井壁传播，遇到高角度裂缝时，由于裂缝角度较高，声波传播路径只会沿岩石介质传播，使裂缝信号几乎可以被省略。密度测井是向地层照射 X 射线，与地层发生康普顿效应，引起射线能量衰减，当 X 射线进入高角度裂缝时，高角度裂缝及（充填）物质对 X 射线影响很大，因此，密度测井记录了地层总信号，其中包含高角度裂缝信号，故当转换成孔隙度时，密度总会略大于声波；当遇到低角度裂缝时，众所周知，声波信号常显著衰减（声波时差显著增大），使孔隙度扭曲变大，因此转换成孔隙度时，声波会大于密度。

前人发现的裂缝角度与双侧向响应关系变化，也是测井曲线选择性记录地质事件的佐证。另外，低角度裂缝还引起泥浆侵入，导致双侧向绝对值降低，与声波衰减相呼应，图1-5中即有清晰表达，可见，测井曲线对事件的选择性表达也非单一，而是留有多种隐含标记。

图1-6是研究火山岩储层裂缝与流体成藏事件叠加的另一案例。图中，YS102 井是松南气田的关键井，该井测试三段。第一段 3707.0～3726.0m 初期解释为气层，孔隙度5.2%，常规测试 4mm 油嘴日产气 0.28×10⁴m³、日产水 0.47m³，压裂后 6mm 油嘴日产气 7.47×10⁴m³、日产水 56m³；第二段 3773.5～3792.0m 初期解释为低产气层，孔隙度 6.7%，常规测试 4mm 油嘴日产气 0.47×10⁴m³、日产水 5.2m³；第三段 3813.0～3815.0m 初期解释为干层，孔隙度 4.8%，常规抽吸测试日产水 3.12m³。三段地层的双侧向电阻率为第一段最低，第二段次之，第三段最高。

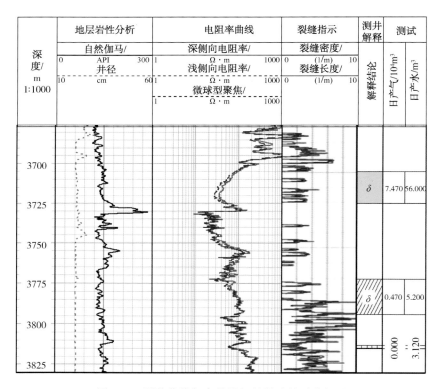

图1-6　测井曲线与事件叠加的敏感关系分析图

关于松南气田测试层是否产地层水曾争论激烈，一派认为有，而另一派认为无。前者注重实测结果，但产水层的识别证据不足，电阻率绝对值与计算饱和度均不支持；后者认为电阻率增高是含气响应，且测试出的水矿化度不稳定，应是凝析水，不是地层水。双方均有疑似证据，气、水识别陷入僵局，事关投资成败的气田开发决策一时举棋不定。

笔者因此受命解决气、水识别的纷争。乍看 YS102 等井，测试出水段均发育裂缝，双侧向似乎既是裂缝响应又是流体响应，又似乎都不是；由于火山岩成岩作用常影响 m 值，导致饱和度计算值扭曲，与测试结果矛盾较大，测井评价一时没了头绪。

转换思路也许有助于走出困境。细究测井曲线与事件记录的次序，终于发现了其中的蛛丝马迹：双侧向的差异与流体性质变化更吻合，而非裂缝因素！研究表明，火山岩邻近地层的裂缝成因相似，但该井第一段与第三段测试层双侧向反差很大，前者正差异、产气，后者无差异、产水，这不能表示同成因裂缝，却与其流体识别原理一致，可见裂缝似乎不影响该双侧向，只是前者的双侧向收敛，似乎又与裂缝非均质相关；第二段测试层裂缝最发育，但随深度增加，双侧向差异很快重合于 3780m 处，这也不反映同成因裂缝，却与气-水过渡关系巧合。更多井的巧合逐步证实上述发现，说明在裂缝与流体成藏事件之间，测井曲线优先反映流体信号。

上述识别规律也得到笔者另一发明专利的印证（专利号为：CN201010524252.6），该专利采用变 m 值饱和度计算方法，消除了成岩作用与孔隙结构因素参与饱和度计算的隐患，大幅提升了饱和度计算精度，用该计算结果预测多口新钻井，均被测试结果证实，前后两种方法相得益彰，交相辉映，得到中国石化各方认可，也了结了困扰火山岩流体识别的一桩"公案"。

事件叠加研究是破解长期困扰测井识别流体的要术。破解方法有两个：一是不同事件的专属性质或行为在测井曲线上记录会不一样；二是测井曲线记录不同事件时，有次序或倾向选择，为甄别事件叠加及准确判断提供依据。

第二节　现代油气发现的困惑亦源于地质认知缺失

破解地质事件叠加难题能否带来新的生产力呢？作用不可低估！松南气田开发方案的巨大变化，也正是它立下的首功。

地质事件叠加难题的破解，在该气田收到三大效果：一是气水界面和储量巨变；二是气藏认识的根本改变，由底水块状气藏变成层状气藏（图 1-7 和图 1-8）；三是层状气藏的新认识促成气田开发方案的改变——原设计的 26 口直井全部优化为 12 口水平井。新方案实施后，钻采直接投资减少 52%，钻井成功率 100%。实现了火山岩气藏的高效开发。

地质事件的识别与区分，也能为地质学家提供施展抱负的利器。在此，逐一分享两个大牛地气田的典型案例。

案例一为大牛地气田西北角粉红框内的水平井开发区（图 1-9）。2013 年之前，该区已钻水平井 252 口，其中测试无阻流量 $6 \times 10^4 m^3/d$ 是经济界限，大于该界限的井有 138 口，成功率仅为 54.76%，有超过 45% 的水平井未达到经济开发界限。可见，该区虽然水平井开发成功，但投资风险巨大，怎样避免钻遇低效水平井成为地质学家的心病。

由于研究区内 250 口水平井只测一条随钻自然伽马（GR）和气测曲线（仅两口井测全资料）。可供研究的测录井资料稀缺，可谓屋漏偏逢连夜雨，研究人员一时不知所措。

能否从一条曲线找到地质事件与经济开发水平井之间的关系呢？识别随钻自然伽马测

井曲线所代表的矿物含义也许能另辟蹊径。图1-10是研究区水平井无阻流量与GR峰值关系图，由于多数水平井钻在同一储层，如果统计每口水平井的自然伽马值变化范围，一般均可得到一个自然伽马的大概率峰值，图中每一个圆点代表一口水平井的自然伽马峰值，研究该峰值的岩性或矿物含义，则有可能发现水平井与经济产量之间的矿物分布区间。

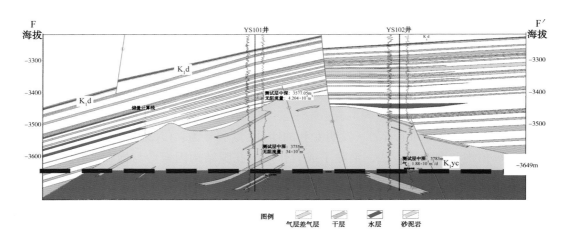

图1-7　松南气田早期气水关系图

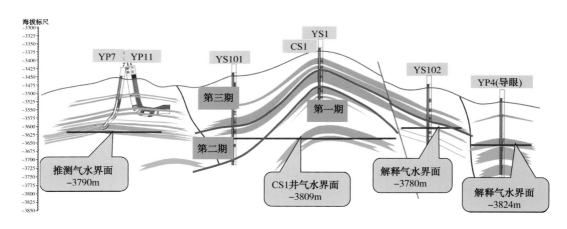

图1-8　新方法应用后的松南气田气水关系图

为区分水平井是否达到经济产量，图中用红色断线代表测试无阻流量$6×10^4 m^3/d$的分界线。该断线将自然伽马峰值截然三分，根据该区取心直井的岩心薄片刻度测井曲线，发现三分的自然伽马各自与矿物或岩性自然对应，使甜点成因一目了然：当GR<40API时，岩性以石英为主，主要发生石英次生加大的成岩作用事件，它是砂岩致密化主因，易致水平井低产。当40API<GR<78API时，长石含量增加，发生长石溶蚀事件，储层孔渗增大。其中，钾长石溶蚀易使GR值降低，故GR峰值在50API附近时容易钻遇高产水平井。当GR>78API时，储层岩性主要为细粒岩屑砂岩，许多岩屑更易堵塞孔隙，此时水平井低产。

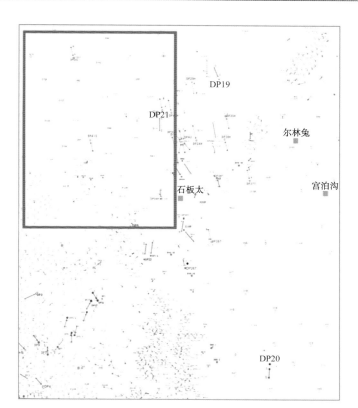

图 1-9　大牛地气田西北角工区图

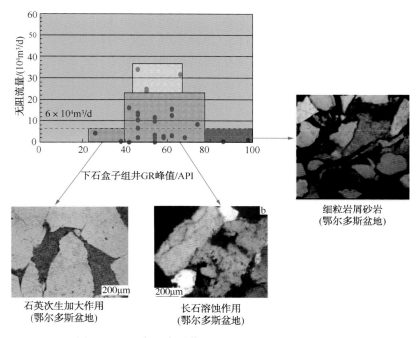

图 1-10　研究区水平井无阻流量与 GR 峰值关系图

该图预示了水平井钻遇成功的两个必要条件：一是钻遇长石溶蚀的相对高渗带；二是具备足够的含气丰度。这也是水平井钻遇成功的本质。由于长石溶蚀带中也有低效水平井（图 1-10），如何充分利用气测曲线判断储层含气丰度，成为判别水平井是否具备经济产量的另一关键。

　　图 1-11 为研究区水平井 GR 峰值与全烃最大值交会图。图中，纵坐标（GR 峰值）是长石溶蚀带的识别依据；横坐标（全烃最大值）是含气丰度的识别依据，纵、横坐标构成了识别高产水平井的基础。这成为判断水平井是否具备经济产量钻后检验的有效方法。

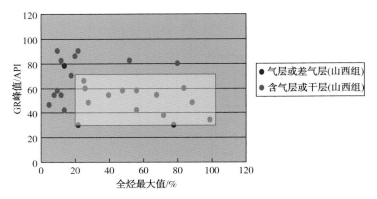

图 1-11　研究区水平井 GR 峰值与全烃最大值交会图

　　可见，研究清楚测井曲线的矿物事件及其含义，有助于判别已钻水平井是否具备经济产量，那待钻水平井也能利用测井曲线预测或判断吗？利用直井研究水平井技术也许值得一试。

　　利用直井研究水平井的原理如下：地层相同、地质条件相近，邻近直井可近似代表水平井段的物质供给基础。因此，直井的孔、渗及含气丰度参数有助于水平井预测（该技术 2012 年已在川西中浅层待钻水平井预测中获得成功）。图 1-12 是利用邻近直井声波值（AC）和含气指示曲线（IGAS）交会，判断待钻水平井是否具备经济产量的学习样本，从图中可见，待钻水平井也可以利用测井曲线预测其产能。

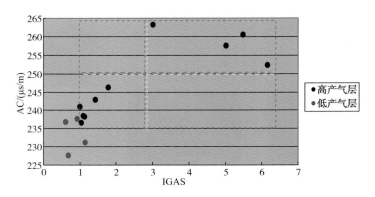

图 1-12　研究区直井 IGAS 曲线与声波交会图

　　案例二为大牛地气田太 2 段和山 1 段地层的产能分布研究。为研究方便，从东北至西南，将两套地层同样分为北(红色)、中(紫色)、南(绿色)3 个区带(如图 1-13 所示，由于存在争议，故太 2 段沉积相暂不标注)。图 1-14 表明，在研究区同一相带内，太 2 段具有北部产能高、中部次之、南部最差的产能分布特点；山 1 段反之。

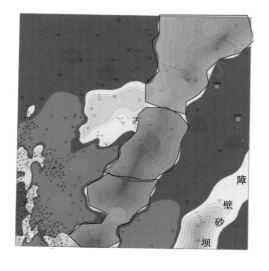

(a) 太2段

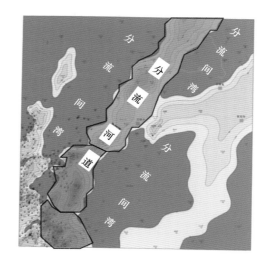

(b) 山1段

图 1-13　大牛地气田太 2 段和山 1 段产能分布图

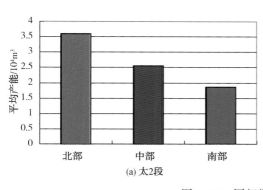

(a) 太2段

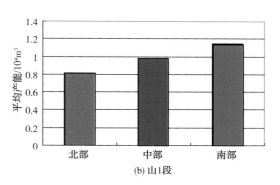

(b) 山1段

图 1-14　同相带产能分布直方图

同样是砂岩地层，为何产能差异如此巨大？如果部署井位时意识不到这种差别，难免导致钻井的盲目性，并增加操作成本。事实上，在开展上述统计时，大牛地气田北部已在山 1 段钻井多口，南部的太 2 段亦如此。可见，地质事件及其对甜点规律的影响已是油气田勘探开发的关键问题。

根本原因还是地层物质的差异。太 2 段石英矿物含量达 90% 左右，山 1 段岩屑矿物含量达 30% 左右，石英与岩屑的矿物本质差异是造成产能差异巨大的本因。山 1 段岩屑矿物的迅速攀升，与两套地层之间的阴山隆升事件有关。

推测认为：太原期准平原化的结果，使砂岩搬运较远且分选较充分，故抗风化能力弱的岩屑含量低，储层以石英砂岩为主。此时，岩石颗粒的粗细分布决定了产能的宏观变化规律，即随沉积相由北向南变化，这是重力分异的结果。气田北部岩石颗粒较粗，孔隙结构相对简单，储层容易形成工业产能，往南则储层岩石颗粒粒径逐渐变小，孔隙结构复杂，储层很难获得工业产能。早二叠世山西期，盆地北缘以阴山隆起为代表的构造活动强烈，致岩屑含量突然增大。但因近源快速堆积的条件，而使矿物的搬运、分选有限，岩屑随搬运而消耗以及成岩作用，使山1段储层产量由北向南逐步增加，工区甜点主要分布于气田南部。

大牛地气田的两个案例说明如下事实：一是测井曲线是记录大自然的"哑谜"，地质学家见之如天书。看懂"天书"和精准识别流体，是发现油气的两大快事。意识到地质事件与测井曲线的天然传承并树立二者因果相随的理念，是实现两大快事的关键。二是事件与测井曲线的因果表达有多种，只是我们按照传统思维观察不到而已。怎样找到这种因果表达，对于破解地下地质谜团意义重大。正如古诗所云："远山初见疑无路，曲径徐行渐有村"。

另外，不同盆地的成因机理不同，地质事件的特征也就不同，这是研究事件与测井之间因果关系的关键切入点。

第三节　新事件的识别可能会引发蝴蝶效应

既然地质事件叠加已阻碍测井评价，可为什么缺少应对之策呢？问题出在专业认知习惯上。测井专业的认知习惯是地球物理思维，它缺乏地质概念，自然"看"不到曲线中的地质事件记录，更不会知道它居然是让自己大失水准的"障眼迷雾"；地质专业的习惯是推导地质成因，地质学家对测井曲线有天然的破解欲望，但怎样识别地质事件，还不得其法。

事实上，地质事件在测井曲线中的蛛丝马迹无处不在，只是常人见其然，而不知所以然，仅少数长期师承或反复实践之人，才略知一二。地质学家研究曲线，若不得其法则不解其真。

既然识别地质事件这么重要，而测井与地质上又似乎各无解法，那么是否就不可能实现了呢？非也。首先，可以借鉴前人的探索。在其长期摸索过程中，曾偶得一些行之有效的技巧，这些技巧虽不系统，但很有启发性。其次，地质事件本来就在测井曲线中。其成因机理明确，虽然钻入曲线后好似踪迹全无，但仍有识破之术。如用岩心证明的地质事件刻度测井曲线，推理事件本身的异常，以及分析地质界面的突变等。再者，专业"嫁接"是技术进步孕育的温床。怎样培养一大批兼通地质与测井的复合型人才，已迫在眉睫。

另外，测井曲线中也常见一些"古怪"信号，它们不引人注目，是因为地球物理思维不会往这方面想，只有兼通地质之人才能意识到"古怪"之处，从而发现前人研究中的遗漏，并可能引发一连串认知的改变。在此，以大牛地气田西南部的湖相混积岩为例加以详述。

图1-15是大牛地气田西南部某井的一个低产气层。该层"古怪"之处如下：一是自然伽

测井曲线地质解义

马反常。在"泥包砂"背景下，出现低伽马砂岩测井特征（30API左右），与常见"泥包砂"背景的自然伽马响应似乎矛盾。二是电阻率反常。该区砂岩气层电阻率多在100Ω·m左右，但这类气层电阻率常高达数百甚至上千欧姆·米。三是含气测井响应与测试结果反常。众所周知，"挖掘效应"是识别气层的主要依据（如图1-15中三孔隙曲线道3048～3051m储层，密度与中子曲线反向刻度在该储层形成包络线），但本区储层"挖掘效应"显著时，测试却不一定有经济产能，如图1-15中的储层测试无阻流量仅$0.1955×10^4m^3/d$。"挖掘效应"没有或不明显时，测试却屡获高产。图1-16中的储层几乎不见"挖掘效应"，测试的无阻流量高达$57.9×10^4m^3/d$。根据测井原理，岂不怪乎？

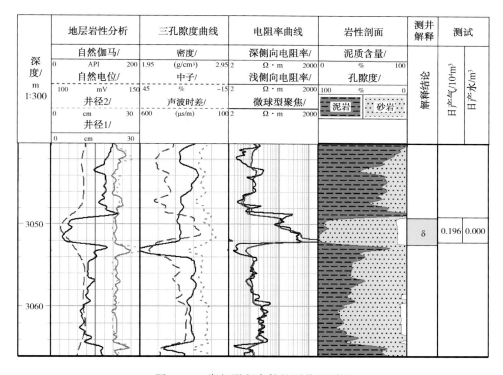

图1-15　湖相混积事件的测井识别图

是地质与测井原理失效了吗？显然不是。地质事件肯定是一切障眼迷雾的始作俑者。其机理何在？由图1-15可见，该地区有两种反差大的砂岩储层，一种是深度3050m处的低伽马、高电阻储层，另一种是深度3062m处的高伽马、低电阻储层，显然这属于两种不同地质事件。后者是学者们公认的河流相砂岩，自然伽马为60API左右、电阻率在30Ω·m左右。为什么还会有低伽马、高电阻储层呢？对此，图1-17提供了佐证。图中电阻率曲线道中，蓝色杆状图为岩心的钙质含量，电阻率随钙质含量增加而增高；从岩心观察中也发现，该区下石盒子组常见滴酸起泡现象，表明这类储层或多或少含有钙质，这类储层显然被两个专业的学者忽视掉了。

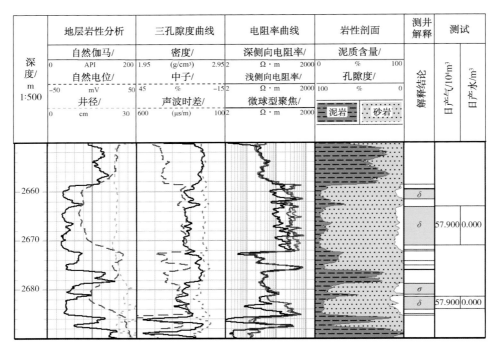

图 1-16　湖相混积事件与测试高产层

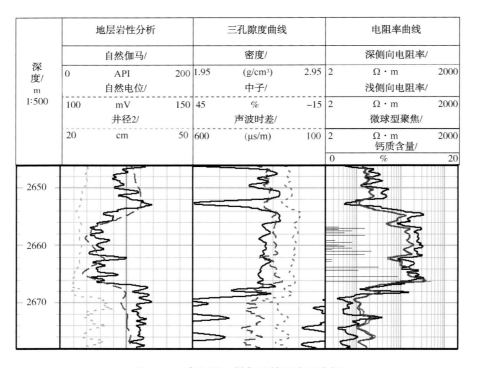

图 1-17　高电阻、低伽马储层成因分析

钙质与低伽马、高电阻储层的发现，揭示了该区被前人遗漏的地质事件——湖相混积事件。湖相混积事件的本质在于：河道入湖后，沿湖中沟槽充填，呈水下河道沉积状态，其储层物质来自河、湖两个体系。其中，隆升事件为河道物质提供了石英与岩屑，湖泊事件为储层提供了灰质和白云质，使储层物质组合非常复杂。灰质和白云质不仅影响了储层的测井响应，更影响了其孔隙与含气特征，由此构成上述三个古怪之处。

　　为什么这类储层的含气测井响应与测试结果出现反常呢？这可能与湖水控制碳酸盐岩有关。推测认为，该区下石盒子组早期湖水对河道控制作用强，水下河道的砂岩中灰质含量偏高，此时自然伽马值应最低，灰质的胶结作用影响储层孔隙结构，故盒1段储层最厚，"挖掘效应"更显著，但测试效果最差，几乎不见高产气层。随着盒1段向盒3段逐步湖退，湖水变浅，砂岩中的白云质与灰质含量逐渐发生逆转，储层自然伽马有增高趋势。白云岩的溶蚀作用带来两面性：一方面它改善了孔渗关系，为储层高产提供基础；另一方面它导致中子值增高，抵消了中子的"挖掘效应"。这是很多储层测不出"挖掘效应"，却屡屡成为高产层的原因。

　　将图1-18和图1-19对比来看，图1-18中盒1段至盒3段测试产量由低变高。图1-19（a）为该区某井盒1段储层，其自然伽马值最低，为20API，测试无阻流量为$0.7301\times10^4 m^3/d$；图1-19（b）为该区某井盒2段储层，其自然伽马值有所增高，为20~30API，测试无阻流量为$1.1851\times10^4 m^3/d$；图1-19（c）为该区某井盒3段储层，其自然伽马值齿化，为30API左右，反映沉积环境不稳定，测试无阻流量为$10.802\times10^4 m^3/d$。

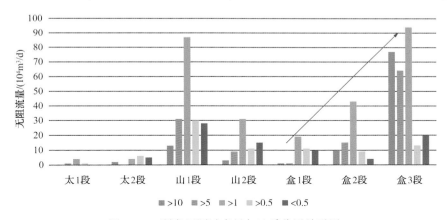

图1-18　研究区测试产量与地质分层关系图

　　推测认为：自然伽马的上述微妙变化，反映了湖水对砂的控制减弱，盒1段至盒3段产能增高趋势显著，但不排除盒1段与盒2段的湖相混积岩仍有增产潜能。值得注意的是，图1-19（a）中盒1段气层密度与中子曲线的包络线完全相反，图1-19（b）中盒2段与图1-19（c）中盒3段二者部分包络线已趋于同向，这可能是白云岩溶蚀事件的结果。可见，识别地质事件也需要有明察秋毫的洞察力。

　　发现湖相混积事件是否会产生认知上的蝴蝶效应呢？一定会！它对认知的变化主要表现在以下四个方面。

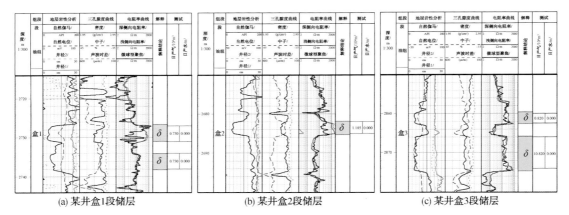

| (a) 某井盒1段储层 | (b) 某井盒2段储层 | (c) 某井盒3段储层 |

图1-19　研究区测试产量与地质分层关系图

一是气层识别的认知改变。传统理论将"挖掘效应"视作判别储层是否含气的圭臬，湖相混积成因的气层没有"挖掘效应"，反而可能是高产气层，这改变了气层识别的传统认识，同时对气层复查也有重要意义。

二是压裂技术的认知改变。历年来，该区一直采用加砂压裂的求产方式，尚没有加前置酸实施混合压裂的意识，而湖相混积事件的发现，为压裂技术的改变提供了实验依据。采用新的压裂方案是否能解放部分下石盒子组低产气层呢？值得我们期待。

三是沉积相的认知改变。传统观点认为，本区下石盒子组发育河流相砂岩，很少提及湖泊环境的影响因素，湖泊成因的水下河道有其独特性，首先是砂体形态多呈箱型，其次是这种砂体有时会分布于大段泥岩中。例如，学者普遍认为盒1段是辫状河沉积，传统意义上的辫状河为典型的"砂包泥"特征，本区盒1段有时可见箱型砂体孤立于大段泥岩中，这不同于传统意义的辫状河。

四是开发方案的认知可能发生改变。从沉积相看，传统意义上的河道多具迁移特征，它虽然河道宽、砂体厚度大，但想利用地震资料准确刻画河道却很难，甚至出现预测失误，如图1-20(a)中，大牛地气田某区山2段蓝色圈中预测的主河道，实钻结果却是河道间[图1-20(b)中红圈]，其河道砂平均厚度达19m，却难以被地震资料准确识别；水下河道与之不同，它虽然河道窄、砂体厚度小，但因为河道固定，只要地震解释技术过关，反而有可能实现精确刻画。图1-21为笔者曾研究过的一个水下河道案例，该区属于川西中浅层，其河道砂平均厚度仅约为前者的一半，但利用分频像素成像技术[图1-21(b)]，仍能够实现准确预测，并被实钻所验证[图1-21(a)]。

上述案例表明，两种河道的形态和研究方法是不一样的。研究区恰恰存在两种河道沉积事件，用传统方法描述水下河道是否存在刻画不准或遗漏呢？这是极有可能的。利用合适的技术重新刻画该水下河道，对于该区下石盒子组高产气层的精准发现无疑是有利的。

地质事件与测井曲线的关系研究表明，利用测井曲线识别各种地质事件，将成为石油地质学家"知古今、测未来"的法宝。

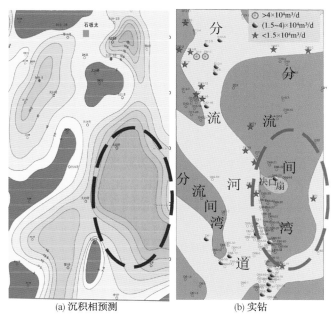

(a) 沉积相预测　　　　　　　(b) 实钻

图 1-20　大牛地气田某区山 2 段沉积相预测及实钻对比图

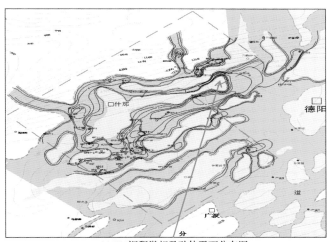

(a) JP$_2$^{3}沉积微相及砂体平面分布图

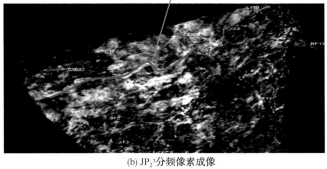

(b) JP$_2$^{3}分频像素成像

图 1-21　利用地震相准确刻画水下河道(据西南油气分公司)

第二章　测井曲线地质解义的原理与方法

现代测井评价技术的复杂性表明，测井曲线仅是表象，而地质才是本质，只有找到测井曲线所指代的地质本因，众多地质谜团才可迎刃而解。因此，测井曲线的表象因素可被视为一密码系统，根据该表象寻找地质本因的方法，相当于解码。

现代油气藏的低丰度和隐蔽性表明，能否准确破译测井曲线的地质含义，常常成为左右油气藏勘探开发的关键，对测井认知细节的疏忽导致油气田勘探开发失败，已绝非个案。可以预见，解开测井曲线的秘密将迎来油气发现多赢的局面。

第一节　测井曲线地质解义原理

地质演化的本质，就是不同事件按某种序列组成的地质历史。其中，地质事件是构成地质演化的基本单元。地质事件是有序的，测井曲线记录也是有序的，可见这两个载体的有序性是破解测井曲线密码的关键。梳理测井曲线记录地质的有序关系，可以发现测井曲线的三种地质属性。

一是专属性。测井曲线的某些特殊响应常专属于某一特定地质现象或储层物质组构，如前文提到的湖相混积测井响应、强地应力与泥岩电阻率变高、塑性岩屑与中子值增大等，都是专属于地质事件的测井响应。由于运用地球物理思维很难将测井曲线的特殊变化与地质事件联系起来，某些测井曲线的地质专属性不经标定或推理，则难以识别。

专属性的本质是记录地层岩性及其物质组构序列关系的特征响应。每一个记录都是唯一的、不与其他井或其他地层完全一致的，其测井响应特征在理论上总能找到记录地层独特属性的排他性因素，因而是识别地层或提取地质证据的关键因素。因此，利用专属性分析，有助于识别隐含的重要地质现象。对于重要的地质事件，测井曲线上往往留有特殊响应，这是解读测井密码和识别测井曲线地质含义的另一要妙。

专属性主要研究地质事件的静态标定与识别。如将事件已知的特殊性或矛盾因素标定到测井曲线上，或将测井曲线的特殊变化归因到事件的某一特性。目的是寻找曲线与事件之间的唯一成因关系。这种专属性具有排他性，它是唯一可识别的、记录地质演化特殊性的测井信息响应。该性质应是测井地质学的理论基础之一。

二是对应性。在测井曲线中，如实地记录着储层地质的种种信息与变化，诸如构造变化、沉积能量变化、岩性变化、油水运移关系、地层压力信息，以及岩性的一些组分、结构信息等。可见测井信息与地质背景的演化具有对应关系。

地质变动必然在测井曲线上留有或多或少的相关记录，测井曲线的地层记录变化受控于地质规律的突变，与基本地质理论完全一致。只有弄清测井信息与地质背景突变的对应关系，才有可能准确利用测井曲线复原地质面貌。地质背景的突变，在测井曲线上必然留下对应的变化含义，这一性质应是测井地质学的另一理论基础。

对应性主要研究地质事件的动态标定与识别。如根据地质事件的变动特点，寻找曲线与事件间的变动归因解释，这是根据地质事件的变动规律，探索测井曲线的解义线索。

三是统一性。任何地质现象都是宏观地质作用与微观岩石结构的统一，宏观与微观的统一性是精确地质预测的可靠基础。宏观地质作用是地下地质的主体，微观岩石结构受控于宏观地质作用，也是宏观地质作用的具体表现。在恢复和建立测井曲线与地质背景的转换关系过程中，只有弄清了宏观地质作用，才能依据地质学原理预测微观岩石结构的存在性和存在位置；在石油地质研究和石油工程决策中，又有许多内容与微观岩石结构密不可分，只有弄清微观岩石结构，才有助于印证宏观地质认知的正确性，为石油地质研究和石油工程决策提供可靠依据。

统一性主要研究地质事件在完整系统中的标定与识别。如分析两个不整合面之间所有事件的演化关系，寻找系统与局部的完整性与合理性。它强调宏观与微观的相互印证，避免单向分析带来的认知隐患。

测井曲线内含地质历史演化进程中的密码，这些密码是破解地质问题的重要证据，怎样破译测井曲线记录的地质密码呢？大致需要我们在两个方面有所建树：一是将前人的成功实践系统化与理论化，并在此基础上不断创新，挖掘测井曲线地质解义的新手段；二是测井学者与地质学家不断深入合作，这也是破译这些密码的唯一途径。

在测井曲线的三个属性中，对应性和专属性是探寻测井地质学理论的重要切入点，宏观与微观的统一性是正确实施预测研究的方法论，它也应是测井地质学的理论基础之一。

第二节　测井曲线地质解义方法

地质内因可造成测井曲线的重大变化，二者之间必受宏观地质限定，遵循某种反射定律，构成测井的表象与地质的本因。分别以表象和本因为研究对象，可以找到解析测井曲线地质含义的两个基本方法：基于实证信息解析测井曲线的方法——地质刻度法和基于地质演化有序性解析测井曲线的方法——归因分析法。

一、地质刻度法

地质刻度法多用于识别或解析具体地质事件，因此它主要用于研究测井曲线与地质事件之间的专属性关系。它是利用多种实证资料认知地质事件，破译测井曲线记录地质事件的密码关系，这些实证资料包括露头、岩心及岩心薄片等，其中应用最广泛的是岩心。

地质事件产生的最大特点就是突变性，它具有多种研究意义：①有些有等时意义。如与气候事件有关的风暴岩，它的辨识有重要的地层对比价值，可能有助于解开复杂地区的地层对比难题。②有些有指相意义。如与河流作用有关的冲刷面，它的辨识具有重要指相作用。③有些有地层识别意义。如相似沉积条件下，沉积水动力条件差异的测井识别，对它们的辨识具有区分不同地层的作用等。④有些有重要事件的指认意义。如生烃、应力及隆升事件等。

1. 风暴岩的岩心刻度识别研究

风暴事件属于瞬时地质事件。瞬时地质事件的突变具有多种表现形式，但其核心内容是物质的突变。抓住这一点，即掌握了岩心刻度测井曲线的核心内容。

风暴岩作为突发气候现象的结果，往往快速形成薄厚不一的特殊沉积地层，早期风暴作用对下伏沉积有侵蚀作用，形成侵蚀基底面，有冲蚀和侵蚀坑，形成充填构造。同时，还可

图 2-1　大牛地气田
D17 井风暴岩岩心识别

挖掘出浅埋藏物质，尤其生物体，使底部物质混合，并形成混杂的生物组合。底部大的和重的个体生物在风暴作用中还可聚集成滞留层。组成的岩层从几毫米到几厘米，或达十多米厚，常呈透镜状、口袋状，多位于侵蚀硬底上。岩心观察表现为薄层，常难以识别，因此，在测井曲线中常被忽视。但泥岩中的风暴岩因风暴卷起的泥砾而具有与一般泥岩完全不同的特征，该物质的突变，在测井曲线上可见泥岩中夹薄层电阻率尖峰，这成为辨识风暴岩的重要依据。

图 2-1 为从大牛地气田 D17 井下石盒子组观察到的风暴岩照片，图中可见大小不一的泥砾混杂堆积。与其深度相对应的自然伽马值为 89.6API（图 2-2），属于较典型的泥岩特征，但电阻率值却大于 $70\Omega \cdot m$，与泥岩特征不符，显然为风暴岩中泥砾测井响应特征。

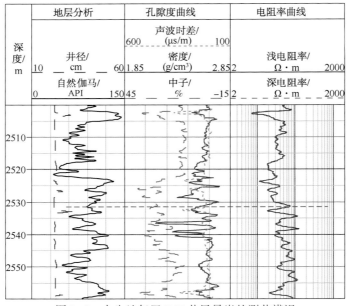

图 2-2　大牛地气田 D17 井风暴岩的测井辨识

这种相似特征在其他油气田的岩心观察中也多次见到。如川西地区须家河组至蓬莱镇组地层均为湖泊-三角洲环境，与大牛地气田下石盒子组气候背景较为干旱不同，川西地区为温暖潮湿的气候，岩心观察也多次见到风暴岩沉积（图2-3），根据岩心刻度分析，泥岩自然伽马呈现高值，对应薄层电阻率尖峰（图2-4），显然也与风暴岩有关。

2. 冲刷面的岩心刻度识别研究

冲刷面作为突发沉积作用的结果，往往表现为物质突变面，在测井曲线上为一清晰的沉

图2-3 什邡气田某井风暴岩岩心识别

（深度1150.8m，风暴卷起的大块泥砾）

积界面。图2-5为从大牛地气田D17井观察到的沉积冲刷面的岩心与测井地质刻度，冲刷面下部为泥岩沉积，向上见大量岩屑和一些泥砾，自然伽马测井曲线准确记录了冲刷面的物质突变及河道迁移的物质渐变过程，该冲刷面的识别，对于河流沉积具有清晰的指认作用。

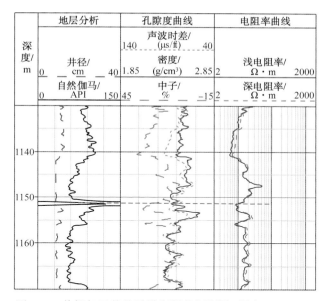

图2-4 什邡气田某井风暴岩测井识别图（深度1150.8m）

3. 不同河道事件的刻度与辨析

即使测井信息具有高精度功能，仍难以区分相似地质事件的外形与结构，但准确辨识相似地质事件的差别，对于储层研究及预测意义重大。"岩心刻度"测井技术是区分相似地质事件的重要手段，水上与水下河道沉积可作为典型案例加以分析。

水上与水下河道沉积辨识的关键在于湖水或海水是否对河道砂施加影响。图2-6中1425~1432m顶、底均见冲刷面，不同之处为：底部冲刷面为砂岩覆盖于泥岩之上，与河道

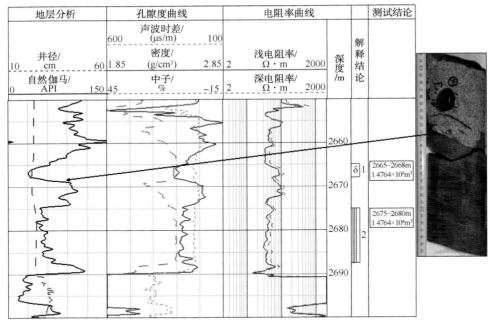

图 2-5　大牛地气田 D17 井河道冲刷面的测井辨识

深度/ m 1:400	地层岩性分析		三孔隙度曲线		孔隙度		电阻率曲线		测井 解释	岩心照片
	自然伽马/ API		密度/ (g/cm³)		密度孔隙度/ %		深电阻率/ Ω·m		解 释 结 论	
	0	200	1.85	2.85	50	0	2	200		
	井径2/ cm		中子/ %		中子孔隙度/ %		浅电阻率/ Ω·m			
	0	30	45	−15	54	4	2	200		
	井径1/ cm		声波时差/ (μs/m)		声波孔隙度/ %		微球电阻率/ Ω·m			
	0	30	600	100	50	0	2	200		

图 2-6　砂岩顶部冲刷面的岩心-测井刻度分析

底部沉积相似；顶部冲刷面为泥岩覆盖于砂岩之上，可能为湖水改造所致。底部冲刷面之上为一套正旋回水进沉积，向上至 1427m 岩心观察，砂岩具反旋回特征，推测该段发育小型沿岸砂坝，但湖水改造的结果，可在该砂体顶部的 1425m，见到清晰的泥岩覆盖于砂岩之上的冲刷面，推测认为，这是湖水对反旋回砂坝改造所致。

认识到湖水或海水与河道砂之间具有作用关系，可以进一步利用岩心刻度测井分析技术，推断水上河道与水下河道在测井曲线上的响应差别。

图 2-7（a）为渤海湾盆地某区馆陶组河道的测井特征，该井 1610～1630m 为典型的水上河道测井响应；图 2-7（b）为川西某区蓬莱镇组河道的测井特征，该井 1496～1507m 为水下河道测井响应。比较分析后可见二者区别：①水上河道二元结构清晰（河道与河漫滩发育完整，自下而上河道向河漫滩迁移），河道迁移的正旋回特征明显；水下河道的迁移特征短而不太明显。②水上河道底部冲刷面清晰，且沉积较粗的底砾岩；水下河道冲刷面常弱于水上河道，河道底部岩性也常较前者细。

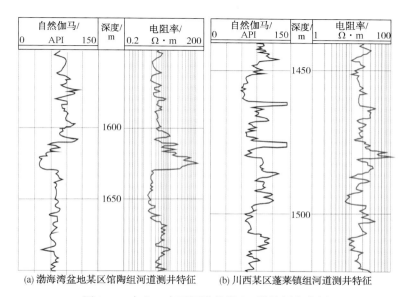

(a) 渤海湾盆地某区馆陶组河道测井特征　(b) 川西某区蓬莱镇组河道测井特征

图 2-7　水上、水下河道的岩心-测井刻度分析

根据二者成因条件推断认为，沉积条件的差异是造成测井响应差别的关键。一是河道摆动条件不同，水上河道摆动条件充分，所以迁移特征清晰；水下河道摆动条件弱于前者，故迁移特征短而不太明显。二是河道经受的外因冲刷、改造条件不同。水上河道很少遭受外因条件对河道砂的冲刷与改造；水下河道因遭受湖水改造、冲刷，常造成顶、底界面的变形，因此有时河道特征不易识别。

4. 重要地质事件的刻度识别

重要地质事件的识别不仅具有层序地层学研究的意义，而且也是区域地质研究的关键，"岩心刻度"测井分析技术是识别重要地质事件的有效手段。

图 2-8 为川西某区蓬莱镇组地层测井图，其中紫色线段所夹区间的两个小正旋回，在测井曲线上可识别为两次水进过程，两次水进的组合关系为小型正旋回与其上部高自然伽马泥岩构成组合，推测可能与湖水逐渐变深有关，其中高自然伽马与低电阻率的组合关系，

构成指示水体加深的测井地质专属信息。

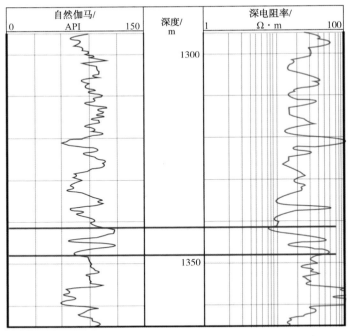

图 2-8　川西某区蓬莱镇组两次水进事件的测井识别

　　岩心观察证实了上述推断，图 2-9 分别为两次水进后的泥岩颜色和结构图。第一次水进后，可见红色泥岩夹少量暗色泥岩，表明水体加深❶。第二次水进以层状黑色页岩为主，表明水体再次加深。两次水进也构成区域重要地质事件，成为蓬二段地层内部的地质分层界面。

(a) 第二次水进泥岩　　　　　　　　　　　　　(b) 第一次水进泥岩

图 2-9　两次水进后的泥岩颜色和结构对比图

二、归因分析法

　　基于地质刻度的测井地质研究毕竟有局限性，这是因为，一是可用于刻度的依据毕竟有限；二是地质刻度也可能遭遇多解。如相同事件在不同地域可能会出现"同质异相"的多

---

❶研究表明，川西陆相地层浅湖相泥岩一般为棕红色，随水体加深，泥岩颜色依次变成灰绿色和黑色。

样性特征，因此其他研究手段的补充和佐证同样有必要。

以测井曲线特殊变化指向同一地质本因为线索，开展归因分析，不失为一种科学的分析方法。其要点在于，不同测井曲线对同一地质事件可找到趋同变化特征，该变化特征可用同一地质成因加以解释。归因分析法有助于识别复杂地质事件，这类事件的特点是，事件的纵向变化常有地质演化的共性，横向上却表现出沉积组合的多样性，这种多样组合常造成某些假象，以致误导对地质事件的判别，导致分析"误入歧途"。准确的归因分析，可清楚辨认不同测井曲线组合的相同地质含义，使地质分析合情合理，宏观与微观认识相吻合。

在具体研究中，因测井仪器的原理不同，因而不同曲线记录了同一地质事件的不同地球物理特征，这些特征具有地质演化的有序性和地质成因的一致性。因此，对地质事件及其变动的归因，常可找到唯一性解释，为地质研究提供分析思路。事实上，任何测井对地质演化的记录，均符合三个属性的特点。因此，基于三个属性研究，是建立归因分析方法的核心。

1. 专属性的归因分析

测井曲线地质专属性的特点是，对于目标地质事件，测井曲线总能找到与其他地质事件相区别的特征响应。对某一具体地质事件而言，横向上的测井地质专属信息识别，均能找到同一地质本质的归因，这些排他性因素的同成因归属，可视为专属性的归因分析。

专属性的归因分析思路在于无论研究区同一地质事件怎样变化，在测井曲线上均可找到该事件的排他性因素集合，这些排他性因素均可归因于同一地质共性。如快速海侵事件的记录，因环境、条件的差异，不同沉积相带的测井曲线几乎各有差别，但指示的却都是同一深水成因的事件地质特征。

专属性归因的研究关键有两个：一是目标地层的专属性因素识别。如重大地质事件常带来地层的突变，因此很多专属性因素具备地层的突变结构，找到了这些测井曲线记录的突变结构，一般就找到了目标地层的专属性特征。二是专属性特征可用同一地质本质归因。对于同一成因地质事件，只能有一种成因动力，这些专属性特征即使横向变化很大，但所指向的地质成因只能有一个。因此，以各种专属性特征识别为切入点，寻找其同成因条件，是研究测井曲线地质含义的关键，有助于破解测井曲线隐含的密码信息。

普光气田三叠系飞仙关组一段（简称"飞一段"）底部的海侵事件，可作为专属性归因分析的典型案例：受海相地层"同期异相"因素的影响（图2-10），在该界面上、下常见三种岩性与测井曲线的组合类型。一是在长兴组顶部礁盖处，常见白云岩与泥灰岩组合。白云岩的测井特征为低自然伽马、低电阻率，泥灰岩的测井特征为高自然伽马、低电阻率。二是在礁间处，常见云质灰岩与泥灰岩组合，云质灰岩的测井特征为低自然伽马、高电阻率，泥灰岩的测井特征同前。三是在台地斜坡或台地内部，常见含泥灰岩与泥灰岩组合，含泥灰岩的测井特征为低自然伽马、高电阻率，泥灰岩的测井特征同前。由此可见，以飞仙关组底为界，下伏地层整体为与海退相关的浅水岩性沉积特征，上覆地层整体为与水体突然变深相关的泥灰岩，这些岩性组合与地质事件的成因及演化关系完全吻合，其测井曲线的突变结构虽多样，但均有地质成因的专属特性，可归因于由浅水或暴露标志向水体突然加深的事件演变关系。

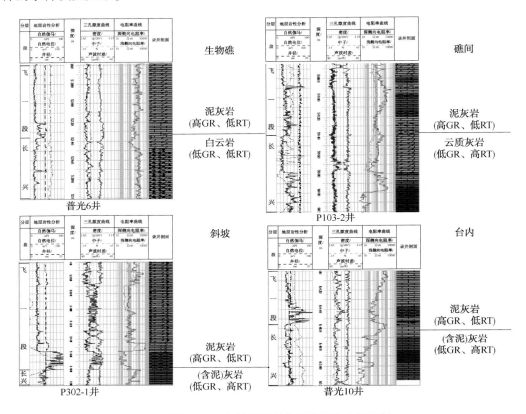

图 2-10　飞仙关组底界面岩性组合关系图

2. 对应性的归因分析

测井曲线地质对应性的特点是测井信息变化与其地质演化具有对应关系，即地质事件的演化关系在测井曲线上有对应记录。对某一地区的地质演化历史而言，测井曲线的组合记录虽然多样，但演化关系的地质归因线索是一致的，均可归因于同一地质事件的变化含义，并有着合理的对应性。

对应性的归因分析思路在于测井信息的组合关系，在纵向上与地质演化具有对应关系，横向上具有符合地质理论的相序关系。因此，其纵向变化可归因于相同的地质演变线索，其横向变化可归因于同一地质事件的相序关系。以图 2-11 为例，该图中山 1 段气候温暖潮湿，广泛发育煤系地层（见各井岩性剖面及其对应测井响应），其中煤层所具有的高声波、高中子、相对高电阻、低密度和较低伽马测井特征清晰可见；山 2 段气候开始转变为相对干旱，煤层基本不发育，其泥岩的高伽马、低电阻特征与山 1 段煤层差别明显。

可见，以各种级别的地质界面及其上下地层作为研究单元，可找到不同地层各自的测井地质专属性信息，这些专属性信息的纵向演化关系可归因于由海陆过渡地层向陆相地层演变的地质演变线索（或温暖潮湿的气候背景向干旱气候背景的地质演变线索），这些演变线索在横向上符合相序变化规律。因此，以各种级别的地质界面识别为"纬"，以地质演变为"经"，是开展测井地质对应属性归因研究的重要手段。

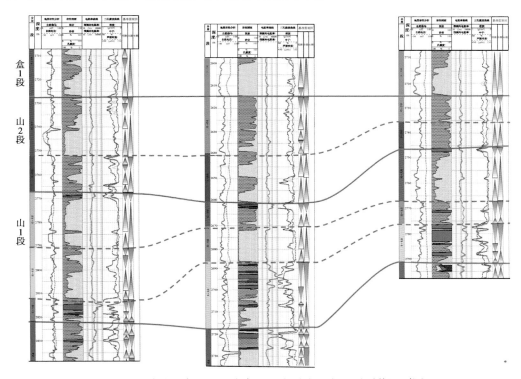

图 2-11 大牛地气田山 1 段与山 2 段及盒 1 段地层测井识别图

3. 统一性的归因分析

测井信息地质统一性的特点是，每一个完整地质事件的演化必然是宏观与微观的协调一致。对于重大地质事件而言，它不仅在其地层上留有特征印记，还在地层的细微部分同样施以特征印记，这些整体印记和局部细微印记同样可归因于同一成因机理。

统一性的归因分析思路在于，测井尺度记录的特征性响应必然是对宏观地质作用某一特征因素的记录，即宏观地质作用的结果，必然能在小尺度测井信息中找到求证因子。反之，利用测井尺度记录的特征性响应，也极有可能推导出宏观地质作用的成因与特点。

因此，统一性研究是测井地质学的核心手段之一，也是确定测井曲线地质含义或论证地质推断正确与否的关键依据，它使测井地质研究的预测应用成为可能。

第三节 测井曲线地质解义应用案例

一、地质刻度法解义测井曲线案例

如图 2-12 所示为利用地质界面刻度测井曲线，复原沉积演化的一个案例。研究对象为

DG 油田南 DG 构造带 Q50 断块沙 3 段的五套砂体。

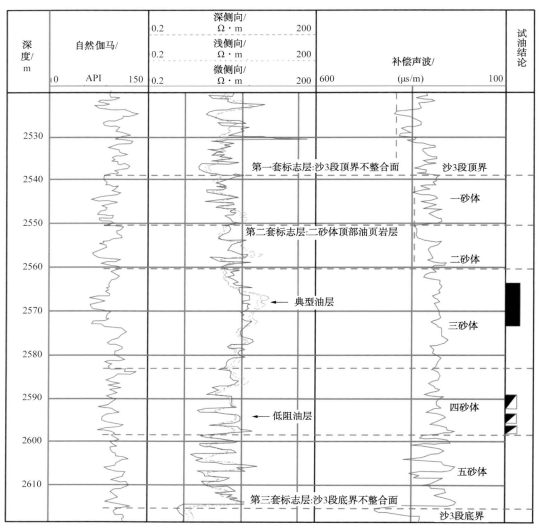

图 2-12 宏观地质背景的演化与测井信息记录的关系分析图

1. 碎屑岩地质界面的主要特点及其与测井曲线的刻度关系

根据刻度认识，可清晰识别沙 3 段顶、底两个不整合面：其底部为古近系与中生界之间的不整合面，由于该界面发育时间很长，不整合面上的剥蚀残积层明显，该残积层的声波曲线具有异常增高的地质专属响应(图 2-12 底部)；其顶部为沙 3 段与沙 1 段或沙 2 段地层之间的不整合面，该界面虽有沉积中断，但时间远远不及前者，因此剥蚀残积层很不明显，但因存在地层中断，故上、下地层的纯泥岩连线可见明显中断，构成该不整合的测井地质专属响应(图 2-12 顶部)。这两个不整合面的刻度，可较清楚地复原其不整合的成因及类型。

其他地质界面的刻度与识别如下：五砂体与四砂体具有显著不同的旋回特征，界面将其分割。其中，五砂体为旋回特征不明显的砂泥薄互层，四砂体为小型正旋回；四砂体与三砂体虽旋回特征相似，但强弱明显不同，界面分割了二者的强与弱；三砂体与二砂体均为强水动力的正旋回，但沉积水体的深浅明显不同。其中，三砂体为浅水环境，泥岩中含砂较高(泥岩自然伽马值偏低且电阻率齿化可印证这一点)，二砂体为较深水沉积，泥岩较纯且其电阻率明显比一砂体的纯泥岩高(泥岩自然伽马相似，但电阻率明显不同)，岩心资料刻度该段泥岩为油页岩，反映水体较深，有机质丰富；二砂体与一砂体之间为明显的沉积旋回反转。一砂体变为反旋回沉积，湖平面变浅，并最终暴露的地质背景。

根据上述认识，推敲各砂组地质界面的关系，有助于复原其沙3段的地质演化规律：①沙3段底的五砂体储层薄且岩性均匀，测井曲线的齿中线近于平行，岩屑录井的颜色为棕红色，指示暴露的氧化环境，为较典型的滩相沉积；②四砂体岩屑录井的颜色变为灰黑色，推测发生水进，自然伽马曲线转变为小的正旋回，沉积环境开始由滩相变为水下砂坝；③三砂体的自然伽马曲线表明，该地区先发生一期小的水进，接着是一期大型水进，形成水下砂坝主体；④二砂体是一期水进，由于持续水进，水体加深，有机质发育，使两套砂体之间发育薄层油页岩，成为地区对比标志；⑤一砂体为水退期，至顶部则出露地表，接受剥蚀。

2. 沉积演化与储层发育的关系分析

根据地质演化的复原认识，地质界面限定了其内部砂体的潜在储集能力，这有助于储层预测研究。针对该区沉积规律并结合成岩作用，可进行如下推导及预测：①滩砂物性差，难以形成有工业价值的油气层。本区五砂体岩性细且层薄，由于渗流不畅，成岩作用导致层内钙质析出多，储层致密化程度高，故多发育干层和低产层。②高电阻率油层主要分布于水下砂坝主体。三砂体和二砂体沉积水动力强，其岩性较粗、较纯，孔隙度较高，岩性结构相对简单、电阻率值高，指示储层含油饱满，产能高，因而是主力产层。③低电阻率油层可能分布于沉积微相边部。图2-12中四砂体位于水下砂坝边部，砂体规模小，水动力变弱且不稳定，使地层泥质及粉砂岩发育，测井曲线齿化明显，表明储层多为薄互层结构，当油气运移较充分且细砂岩达到一定厚度时，极可能形成低阻油气层，否则砂层多为高含束缚水的干层。④一砂体顶部为不整合面，故其油井的储层受构造条件制约。

3. 根据地质界面刻度预测低阻油层的验证

油层纵向分布的规律性说明，主沉积相区的测井曲线形态光滑、岩性结构简单，孔隙结构亦简单，油层电阻高，产量高；位于沉积微相边部的砂体，具有薄互层的岩性结构，导致孔隙结构复杂化，当孔隙结构中束缚水与可动油气并存时，具备低阻油层的赋存条件。

为进一步预测低阻油层，制作了该区四砂体沉积微相图。由图2-13可知，构成主相区的Q50、Q50-1、Q50-2及Q50-5等井测井曲线较光滑，沉积水动力较稳定，岩性相对均匀，油层电阻率高；坝体侧翼的Q50-10、Q50-15等井则曲线齿化明显，表明其水动力不稳定，其齿化现象为"细砂、粉砂、泥质与钙质"的薄互层结构，部分储层具备"双组孔隙系统"，其复杂低孔隙部分形成束缚水，导致储层电阻降低，而细砂岩的孔渗相对较高，储集了可动油，这种特殊储层结构使部分坝体边部储层具备生产油气的地质条件。

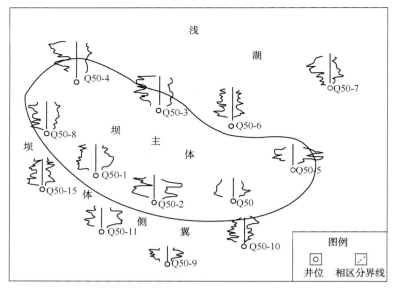

图 2-13　利用沉积微相的分布预测低电阻率油层

预测认为，Q50-10 井四砂体的几个原解释的干层，虽泥质含量高且电阻率较低，但仍具备低电阻率油层的特征。依据如下：一是本井区油气运移较充分；二是储层具有薄互层特征；三是声波时差值计算的孔隙度值较高，可能具备一定的生产能力。1996 年，DG 油田作业三区对上述几层进行试油验证后，该井每日自喷原油 30 余吨，仅用两个月时间就生产原油 2000 余吨，证明了上述低阻油层预测的正确性(李浩，2004)。

二、岩性专属性归因解义测井曲线案例

形成岩石的物质组成、堆积方式、构造作用、气候特征、温压环境、成岩条件以及物理化学条件等事件性因素，都会造成测井曲线或多或少地具有排他性响应特征，这些排他性特征就是岩性的测井地质专属性归因分析的理论依据。

岩性的测井地质专属性识别依据主要有两个：一个是岩性组合与测井信息记录方式之间的专属性归因分析；另一个是岩性内部物质组成与测井信息记录方式之间的专属性归因分析。

1. 岩性组合与其测井地质专属性的归因识别

岩性组合关系代表地层局部事件的堆积结果。岩性组合关系的测井地质专属性是识别地质演化特殊性的重要依据，也是研究储层构成条件和预测不同含油气储层分布规律的重要依据。

以中国石化大牛地气田下石盒子组心滩与油气生产的关系统计为例，可以看出，岩性组合不同，心滩的测井曲线特征就不同，则测试的产能概率也不同。由图 2-14(a)可见，D66-34 井的心滩形成条件为物质供给充分、稳定的强水动力，自然伽马测井曲线表现为连续、光滑的箱型，该段测试获日产气 $12.2 \times 10^4 \, m^3$，这类心滩多为中、高产储层；由图 2-14(b)可见，D66-59 井的心滩形成条件为物质供给相对充分，但水动力不稳定，自然

伽马测井曲线表现为连续、齿化的箱型，该段两层测试获日产气 $3×10^4 \, m^3$，这类心滩多为中、低产储层；由图 2-14(c)可见，D66-25 井的心滩形成条件为物质供给相对不充分的间歇水流水动力，自然伽马测井曲线表现为不连续的箱型，该段测试获日产气 $0.9×10^4 \, m^3$，这类心滩的产能与间歇水流的水动力强度关系密切。此案例表明，同类事件测井曲线的特征变了，其地质含义也变了。

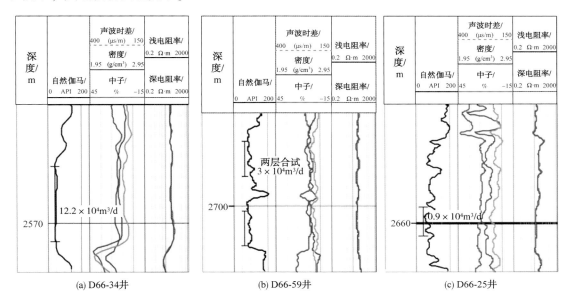

图 2-14 大牛地气田心滩岩性组合关系的测井地质专属性识别

岩性组合关系的测井地质专属性不仅能指示地层堆积事件的背景条件，还有助于预测各类储层的分布及产能特征。上述研究结合生产测试数据分析表明，大牛地气田下石盒子组的部分主力储层主要分布于物质供给充分、强水动力条件下形成的心滩，而间歇性水流及不稳定水动力形成的心滩，是近几年新发现的"高声波、低电阻"类型气层形成和分布的主要区域。依据这一认识，可以有效指导该类低阻气层的系统研究。

2. 岩性内部物质组成与其测井地质专属性的归因识别

物质组成的变化大到岩性改变，小到物质成分、含量、结构及构造改变，均有可能被测井信息记录下来。

物质组成的变化具有多种表现形式，与变化对应的测井曲线组合特征，可能隐含着多种地质含义。一是物质组成的含量变化组合。如不同的水动力条件常造成地层的物质组成含量变化不同，利用这一特征，可以用于不同级别的地层对比。二是物质组成的类型或成分变化组合。构造变动、物源改变等地质事件常造成物质的成分组合发生变化，因此，物质的成分变化组合多可归因于重要地质事件的界面变化。如大牛地气田在太原组末期由于北部阴山隆起，造成地层界面之上山西组的岩屑含量远高于太原组，与之对应，测井曲线也可见明显变化。三是物质组成的结构变化组合。压力、应力、构造及沉积事件，都可能造成物质的结构组合发生变化，根据该变化关系，同样可恢复地质事件的成因特征。如碳酸盐岩的孔隙度、渗透率结构变化组合，可能反映其构造或沉积演化关系（图2-15）。

如图2-15所示为结合刻度法与归因法判定长兴组与飞一底界面的案例。根据岩心刻度发现，该气田飞仙关组附近存在两种孔、渗关系，一种是高孔、高渗关系，另一种是高孔、低渗关系；根据不整合面成因归因，前者可归因于不整合面出露地表接受风化淋滤机理，属于不整合的成因关系，而后者不是。上述认识最终被地震资料间接证明，说明推理可靠，证据可信。

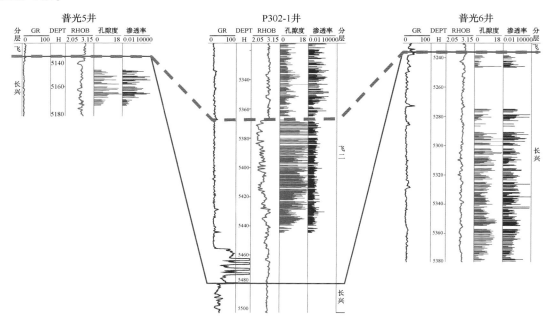

图2-15　长兴组与飞一底界面物性变化关系图

另外，物质组成的变化组合特征也是沉积微相研究的重要依据。物质组成的研究意义重大，也常被传统认知忽略。在普光气田开发方案编制之初，曾遭遇两个地层界面的归属之争，即长兴组与飞一底界面、飞一二与飞三底界面的划分之争。该界面的归属事关方案编制的两个关键问题——储量的面积与开发井设计的最终确定。

图2-16为普光气田飞一二与飞三底界面不整合关系的测井识别图。由图中可见，右侧为台地高部位测井曲线，其形态因岩性内部物质组成发生变化而变化。界面上、下地层虽同以灰岩为主，但其中下伏浅滩的补偿密度测井曲线齿化明显（图中绿色曲线），部分岩性有少量孔隙，这些特征可归因于地层暴露与淹没的间互，而其上覆快速海侵成因的地层为纯灰岩，该灰岩的补偿密度值与纯灰岩骨架接近，岩石孔隙几乎不发育，测井曲线相对光滑、稳定，可归因于快速海侵时期物质供给稳定；图中左侧为台地斜坡区的测井响应变化，属于含泥灰岩内部的岩性物质组成变化。不整合面的上覆地层具有自然伽马增高的测井响应，同样指示相对深水沉积，与含泥灰岩向泥灰岩转化相对应。

普光气田两个关键地质界面的准确识别，为储量面积与开发井设计的最终确定提供准确、可靠的依据。该气田自开发至今未钻遇空井，生产运行基本符合开发方案的设计要求，充分证明了测井认识的准确、可靠性。由此可见,测井曲线的两种地质解义方法可以"珠联璧合",能够准确解读储层的地下地质含义。

在实际研究中,测井曲线的三种地质属性需相互结合,单一属性终究有其局限性。在上述的几个应用案例中,三种属性的应用始终是"你中有我,我中有你",全方位地应用好这三种属性,才能获得测井曲线地质含义的真谛。

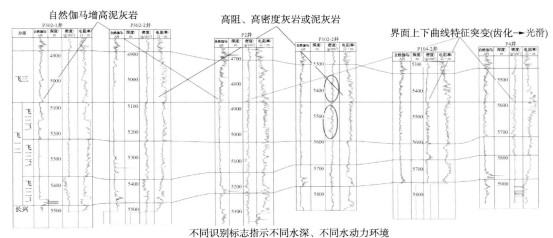

图 2-16 普光气田飞三底不整合面的测井识别图

第三章　地质事件与油气复查理论

油气复查至少有三个重要意义：即低成本发现油气的重要技术、扩大储量发现的重要手段及保持油气田稳产的重要途径。我国基于测井技术的油气复查，在国内还缺乏理论基础，复查海外资产的意识还很薄弱，在低油价背景下，它是低成本"捡漏"海外油气资产的佳径，属于被轻视和低估的实用技术。

第一节　测井评价漏失油气的原因

对症下药是治病之法。想得到高质量的油气复查，首先要研究清楚测井评价漏失油气的原因。原因是什么呢？根本还在于看问题的角度。前文中已提到，测井评价的问题源自地质认知缺失，油气漏失同样如此。一方面，地质事件的复杂性扭曲了测井曲线信息，导致僵化地应用测井原理而屡屡失效，传统经验不断失灵，把非油气层的含油气假象当真；另一方面，地质事件的复杂性又掩盖或隐藏了油气测井信号，诱发测井专家剔除真正的油气层。

以大牛地气田为例，传统观念认为，该气田储层不产水，气层多具备挖掘效应。笔者介入该气田研究时发现，情况并非如此。图 3-1 中，密度与中子曲线挖掘效应显著，一次解释评价为气层。但该层经测试日产气 $3.4 \times 10^4 \mathrm{m}^3$，日产水 $10.5 \mathrm{m}^3$，是一个典型的气水同层。测试层顶部 3221~3230m 三电阻率为正差异（深侧向大于浅侧向，浅侧向大于微球），密度和中子挖掘效应显著，是典型的气层测井响应；测试层底部 3232~3237m 的密度-中子曲线仍具挖掘效应，反映储层具有含气特征，但请注意三电阻率是标准的负差异，反映典型的含水特征，这才是真正的出水段。

此事并非孤立事件，相似的测井响应与相似的测试结果集中于大牛地气田西南一角。为什么普遍测试产水，测井专业却前仆后继地给出气层认识？原因就在于传统上认为该气田储层无水，测井曲线的挖掘效应显著。但众所周知，气层开发最怕水，一旦发生水淹，后果不堪设想。气层是否含水实质上决定了气田开发方案的设计及开发效果，因此意义重大。

该层电阻率和密度-中子有截然相反的表达，说明在气与水同时充注储层时，电阻率捕捉到了水信号，而中子曲线捕捉到了气信号。可见，不同测井曲线对不同事件的敏感响应不同，产生了矛盾记录，带来认知假象，这也是我们在测井评价中要特别注意的。

事件，事件，还是事件！为什么测井专业看不到事件，复查油气也不往事件上去想呢？

细分起来，原因有五个。一是自我突破的困难性。对于长期总结出的"宝贵经验"，想自我否定总是一件极其困难的事情。二是思维定势的顽固性。每个专业只要没站在全局高度分析问题，就一定有其局限性，这种局限的思维定势本身就隐含着难以察觉之处。三是理论和方法欠缺。长期以来，测井复查仅作为一种手段，而从未升华到认识论。四是工作的被动性。绝大部分的测井复查来自行政命令，绝大部分成功的复查均得益于其他专业的偶然发现。五是研究的两难性。测井评价依赖地区规律的认知水平，本地专家似乎熟门熟路，却受制于思维定势，外地专家则反之，二者难以调和与互补。

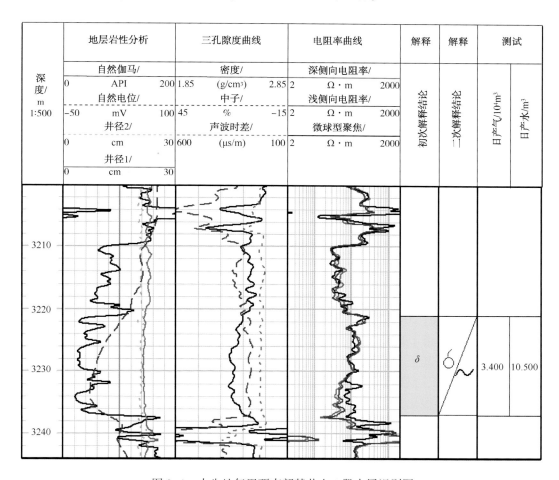

图 3-1　大牛地气田西南部某井山 1 段水层识别图

那么，制约油气复查升华到认识论的原因又是什么呢？长期以来，测井技术在不断取得巨大成功的同时，也受制于专业的短板。这主要表现在两个方面：一是测井技术一直以地球物理为理论基础，这种固化思维，导致测井评价分析思路僵化而狭窄，忽视了地质也是测井研究的理论基础这一事实；二是油气运聚是不同地质事件的综合结果。传统测井技术识别油气，只关注测井信号是否与实验信号一致，不关心地质事件的重大影响。当地质事件或其细节导致油气测量信号隐蔽化或隐形化时，测井评价就容易漏失油气层。

可见，测井评价漏失油气的本质在于，地质事件与油气赋存之间的测井信号关系识别不出来。探索利用测井曲线还原地质事件本质的分析方法，才是对症下药的关键，也是建立油气复查的理论基础。

另外，不同盆地的地质事件主因不同，油气复查的思路与方法也就不同，需要找到事件与方法之间的"症"与"药"。如果能利用测井曲线还原全部地质事件，油气复查水平肯定能得到长足进步。由于盆地的事件因素有着宏观共性，在此以油气田作为盆地事件分析的代表，分别以渤海湾的大港油田与鄂尔多斯盆地的大牛地气田为例，讨论两个关键问题——盆地成因、事件还原与油气复查的思路。

第二节　地质事件与大港油田的油气复查

地质事件间的差异肯定带来测井响应差异，使测井曲线的油气层信号或明或暗，人们在发现前者的同时，常漏掉后者。曾文冲先生曾长期研究渤海湾盆地的低电阻率油气层（以下简称"低阻油气层"），他在其著作中提出，渤海湾盆地的高阻、低阻油气层在纵向上交互出现。无疑，这是用现象对地质事件差异的表述。

一、构造节律变化是高阻、低阻油气层纵向交互的本因

长期以来，人们也在不自觉地运用上述经验开展油气复查工作。这种事件的差异其实就是构造节律变化引发的沉积事件差别，造成高阻、低阻油气层纵向交互出现的状况。

如图 3-2 所示为大港油田南部 G1 断块的低阻油层复查成果。该断块勘探始于 20 世纪 70 年代初，图中 1915~2000m 为膏岩，膏岩上下各有一套砂岩，早期钻探时，两套砂岩的录井均见含油显示。由于膏岩是极佳盖层，它与下部高阻砂岩（电阻率 9~13Ω·m）的储盖组合成为研究焦点，其上部的低阻砂岩（电阻率 4~8Ω·m）渐被遗忘，无人问津。时光匆匆，20 多年弹指一挥，高阻油层也开发顺利。直到 90 年代中期，低阻砂岩才引起作业区陈玉林高工的注意，并提出测试建议，很快一个 200 多万吨储量的低阻油藏被发现并投入开发。

为什么录井屡见含油显示的油藏被长时间遗漏呢？原因有两个：主因是事件差异导致低阻油层被高阻油层的"锋芒"掩盖了；次因是低阻油层太薄且夹于泥岩中，根据以往经验推断，储层物性会比较差，按当时施工条件不一定能获得工业产量。其实，构造引起的沉积事件改变，才是这里纵向上高阻、低阻油气层交互的本质原因。

根据大港油田南区的地质演化规律，膏岩层下部的孔店组 1 段地层为冲积相沉积背景，其上部的沙河街组 3 段地层为浅湖沉积背景。前者沉积水动力强，储层电阻率高，后者相反。事件的差异带来砂岩储层电阻率的差异，人们观察到这种现象时，总是经验性地选择了强者，却忽视了弱者。造成渤海湾盆地的常见油气漏失问题，而测井专业对其真是爱恨交加，类似的情况又在不断循环往复。

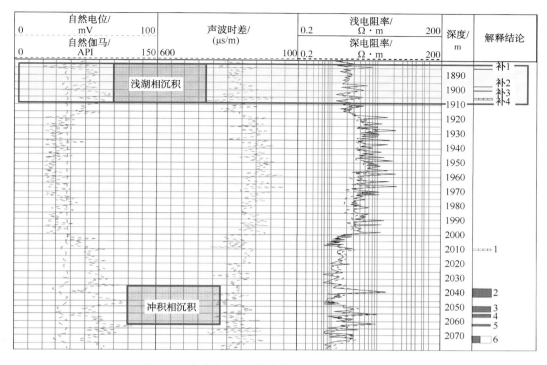

图 3-2　大港油田 G1 断块某井低阻油层复查成果图

二、沉积相分异是低阻油气层平面分布规律的决定因素

渤海湾盆地另一个鲜明的特点是拉张走滑事件使沉积相分异充分，该事件的横向差异决定和影响了低阻油气层的平面分布规律，也是漏失和复查油气层的一大领域。

渤海湾盆地低阻油气层高发且至今魅力无穷。研究证实，该区众多低阻油气层具备"双组孔隙系统"（图 3-3），其中，微孔隙系统储集束缚水，是储层电阻率降低的主因；大孔隙系统储集油气，是储层产油气的原因（曾文冲，1991），为该类低阻油气层评价提供了理论依据。该认识对低阻油气层成因研究仍具重要价值，而不足在于，它只能分析已知低阻油气层，却不能预测它在哪里，时至今日，渤海湾盆地鲜有主动预测低阻油气层的案例，颇为遗憾。

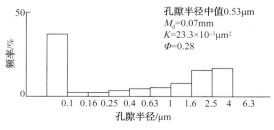

图 3-3　D4-13 井低电阻率孔隙结构分布图

37

那么，低阻油气层能被准确预测吗？如果知道什么地质条件能孕育它，自然是可能的。笔者曾制作大港油田某低阻油层的不同微尺度关系图，发现了地质事件与"双组孔隙系统"有因果关系，依此思路对大港油田两个地区尝试了低阻油层的复查和预测。

图3-4为大港油田某区D4-13井的取心参数分析图，图中展示了岩性、物性及饱和度等各尺度间的变化关系。由图可推知，第七道岩性质量分数（岩性尺度）指代的储层结构，是形成双组孔隙系统的地质基础：首先，岩性质量分数与渗透率明显相关。其细砂岩质量分数增高，明显对应渗透率增高，粉砂岩则反之，这说明岩性质量分数基本决定了渗透率的大小。其次，与之相类似，岩性质量分数与饱和度明显相关。细砂岩质量分数增高，明显对应含油饱和度增高，粉砂岩则反之，这说明岩性质量分数总体决定了饱和度的规律。第三，该油层粒度中值普遍较小，是形成束缚水的主因。细砂岩与粉砂岩按质量分数高低，呈明显薄互层特征，表明储层岩性结构是产生"双组孔隙系统"的根本原因，即它决定了储层孔渗结构。其中，以粉砂岩为主的薄层孔隙结构较复杂，导致微小孔隙增加，形成大量束缚水，引起渗透率和电阻率降低，而以细砂岩为主的薄层孔隙结构相对简单，其大孔道、高渗透是引起储层生产油气的原因。

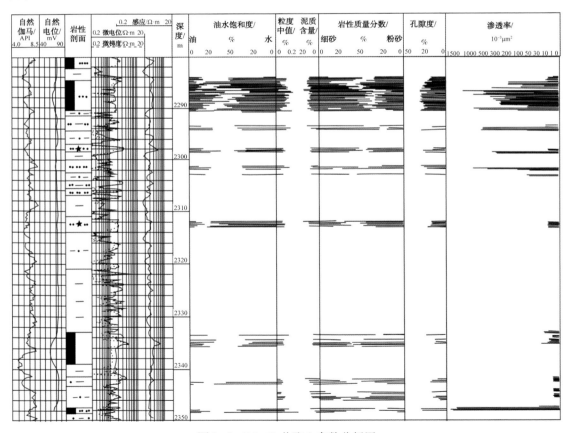

图3-4　D4-13井取心参数分析图

将上述归因到地质发现，弱水动力条件或沉积相边界是产生"双组孔隙系统"的真相。细砂岩与粉砂岩按所占质量分数共存仅是现象，其中粉砂岩、细砂岩就形成于弱水动力沉积环境中，沉积相边界水动力的不稳定，更造就了二者按质量分数互为高低的储层结构，促成"双组孔隙系统"，产生低阻油气层，成为预测低阻油层的重要指向。

　　案例一根据上述结论，针对 GD 某开发区开展了复查。传统研究认为，该开发区属于三角洲平原河流相沉积环境，在早期生产测试过程中，时常测试出高阻水层与低阻油层相邻，困扰了测井解释人员多年。该案例通过测井分析图版区分出不同沉积事件，成功复查出弱水动力事件背景下的隐蔽低阻油层。

　　对比该区某井细砂岩水层与粉砂岩低阻油层发现（图 3-5），二者测井响应差别巨大。前者渗透率高、自然电位偏转幅度大，电阻率可达 5Ω·m 以上，显然是强水动力沉积事件；后者自然电位偏转幅度小，电阻率可低至 3Ω·m 左右，属于弱水动力沉积事件，二者是不同沉积事件的结果。进一步分析两种沉积事件发现，前者为三角洲平原河流相的分流河道微相，后者为河间沼泽微相。低阻油层发育于河间沼泽微相。

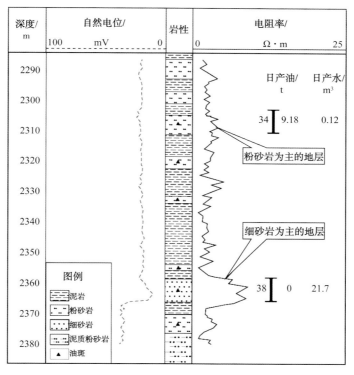

图 3-5　岩性响应掩盖含油性

　　产生"双组孔隙系统"的地质条件既然与岩性不稳定有关，则记录和识别这类低阻油层的专属测井信息应从岩性入手。在复查这类低阻油层时，引入自然伽马相对值 ΔGR 反映岩性变化因素，将它与电阻率组合，构成指认这类低阻油层的专属测井信息。

　　图 3-6 清楚表明，该区在纵向上事件及事件变迁对油水识别的深刻影响。首先，图版

中两套地层展现了事件对油水分布的控制。其中，图3-6（a）以河间沼泽沉积为主，低阻油层较多，主要发育在ΔGR值大于0.5的区域，此时岩性参数ΔGR值基本能区分油水层，而电阻率却不可以。其次，事件变迁同样控制油水识别规律。从岩性看，图3-6（b）岩性明显变粗（ΔGR值显著变小）油水识别规律二分，图3-6（b）左侧的粗岩性部分，电阻率能决定油水识别，这是分支河道事件作用的结果，右侧岩性决定油水识别，表明仍有河间沼泽背景影响油水识别。ΔGR值的油水界限由东二油组的0.5变为东一油组的0.3，也说明水动力条件有所增强，二分规律证明水动力变迁的过渡性。第三，该图版为低阻油层复查提供了准确依据。采用新研制的测井解释图版对该区开展测井解释和油气复查，收到显著效果，测井解释符合率达到86.9%。其中，D4-9井和G1-54-2井均得到生产验证（李浩，2000）。案例一中的低阻油层复查成功，得益于沉积事件的细分类，其中，低阻油层赋存于弱水动力沉积事件中。

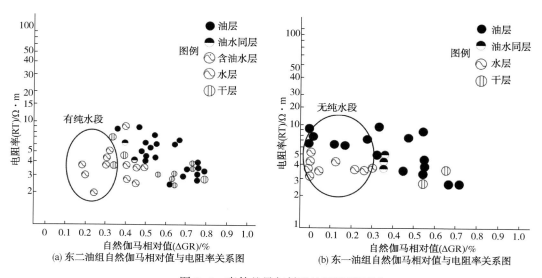

图3-6 事件差异与低阻油层识别图版

案例二是利用沉积相边界与"双组孔隙系统"的成因关系，准确预测大港油田南大港构造带Q50断块沙3段低阻油层的案例（图2-12和图2-13）。可见，低阻油层成因于地质，也可利用地质事件的内部结构加以准确预测（李浩，2004）。

三、其他事件差异与油气复查

若地质事件不引人注目，漏掉油气的可能性就很大。如果读者们能按图索骥，测井专业人员漏掉的每一个油气层都可找到一个事件归因，在此列举两个案例佐证上述观点。

案例一讨论油气运移事件与油气复查。渤海湾盆地断裂丛生，油气运聚、逸散与断裂密不可分，也为油气识别带来很多难题。在地质历史时期，当发生地层水破坏油气藏时，其残存油气藏的微孔喉常富含原生束缚地层水，大孔喉存储可动油气；而已驱走油气的水层则反之，其大孔喉存储的可动地层水为后期运移而来。可见，两类储层具有不同的地层水矿化度。

这种油气与水的相互驱赶，在自然电位测井曲线上往往留下些许痕迹。根据自然电位原理，地层水矿化度的变化，在自然电位和电阻率曲线上有较明显的对应性变化。但是，这种事件差异引起的地层水变化常被忽视，换言之，人们很少思考自然电位偏转变化与油水运移事件有关联，因此，在渤海湾盆地常漏掉这类油气层也不足为奇。

在渤海湾盆地，一般早期形成的地层水具有较高矿化度，晚期形成的地层水具有较低矿化度，相近地层是否受到地层水破坏，在自然电位曲线和电阻率曲线上可见关联响应。

如图3-7所示为大港油田北部某探井，图中两条测井曲线分别为自然电位和2.5m底部梯度电阻率曲线。图中，28号层电阻率较高，被解释为油层，但自然电位曲线的变化特征未引起解释人员注意(自然电位为正异常，表明该层的地层水矿化度较低)，虽其电阻率较高，但测试证实为纯水层；补2号层较薄，其电阻率值与28号层接近，但实际与储层顶部含有钙质薄层有关(大港油田古近系与新近系受古碳酸盐岩台地影响，在一些储层的顶底，因流动性封闭而析出钙质薄层，影响电阻率测值)。该层含钙质薄层也可从电阻率曲线上发现端倪，底部梯度电阻率的测量原理是，电阻率极大值总是出现在储层最底部，但该层明显可见电阻率极值上偏至储层中部，显然与顶钙电阻增高有关，由于具有渗透性部分的储层电阻率不高，故一般认为该层偏干，实际解释时将该层漏失。该层的自然电位曲线变化亦未引起解释人员注意(其自然电位曲线略呈负异常，可能与较高的地层水矿化度相关)，

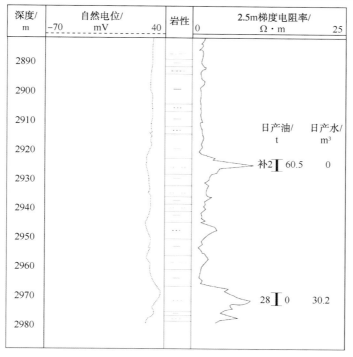

图3-7 油气运移与地层水信息变化关系识别图

测试意外证实该层为高产油层。可见，自然电位的偏转属性，隐蔽地表达了地层水变化信息，指示出油气运移信息在测井曲线上留下的痕迹，利用自然电位这一变化规律，曾在渤海湾盆地各油田重新发现过大量被遗漏的油气层。此案例再次证明，地质事件的差异常导致一些油气层的测井响应隐蔽难辨，是漏掉油气层的要因之一。

研究表明，这类油气低阻油层常见于沉积转换面附近。比如大港北部 BQ 油田的板 0-板 2 油组，近 20 年来，在此屡屡发现高产低阻油层，可见，沉积转换面附近也是低阻油层可能大量富集的区域。

在真实的油气评价过程中，低地层水矿化度储层常测得较高的电阻率值，高地层水矿化度储层则反之，这又容易引发油水评价的一些认知假象。测井曲线记录了地质事件的多种表现形式，但地质事件成因反映的本质却只有一个，利用事件的成因关系，是识别测井曲线地质含义的一种有效方法。

案例二讨论火山事件与油气复查。渤海湾盆地多发火山事件，也形成许多与火山岩有关的油气层。大港油田南部某区发现于 20 世纪 70 年代，早期一直以孔店组为勘探开发目标，沙 3 段玄武岩录井也曾偶见含油显示，但一直未引起人们注意，直到 1996 年初部署 Z35 井时，才意外发现玄武岩高产油层。

笔者受命复查该区与火山事件有关的油层，但大规模复查面临困境：火成岩附近发育生物灰岩，二者测量数据和埋深都非常接近，难以区分，成为油气复查的干扰因素（表 3-1）。

表 3-1 常见岩性测井响应特征表

岩性	声波时差/ （μs/m）	密度/ （g/cm^3）	中子孔隙度/ %	自然伽马/ API	光电吸收截面指数/ （b/e）	电阻率/ Ω·m
玄武岩	180~250	2.5~2.8	15~25	20~35	3~5	10~60
生物灰岩	200~300	比砂岩略高	较低	比砂岩低	5.08	较高
砂岩	250~380	2.1~2.5	中等	低值	1.81	低到中等
石灰岩	165~250	2.4~2.7	低值	比砂岩低	5.08	高值
白云岩	155~250	2.5~2.85	低值	比砂岩低	3.14	高值
硬石膏	约 164	≈3.0	≈0	最低	5.05	高值
石膏	约 171	≈2.3	约 50	最低	3.42	高值

地质事件的差别一定会有测井响应的差别。按照地球物理思维也许无法想象，并难以找到破解上述难题的办法，但是地质思维不是这样的。

在具体的研究中，从两种岩性的定义出发，则该问题迎刃而解。图 3-8 为 Z35 井区两口井的对比分析图，如图所示，玄武岩经高温熔融（玄武岩岩浆温度为 800℃，喷出地表氧化温度可达 1400℃），具有高度的均质性，其测井曲线光滑、均匀；而生物灰岩形成于沉积背景条件，水动力的强弱变化，造成局部岩性组成分异，其测井曲线齿化特征明显。破解测井曲线的岩性密码后，经过岩性识别、储层识别及含油性分析，很快找到一批被漏掉的油层，其中提出的 Z8-13 井和 Z7-32 井玄武岩测试层位，经试油均获得高产，两口井投产后日产油量稳定在 50t 左右，经济效益显著，这说明，测井曲线记录了岩石成因的专属含义。可见，区分事件是重新发现油气层的一把钥匙。

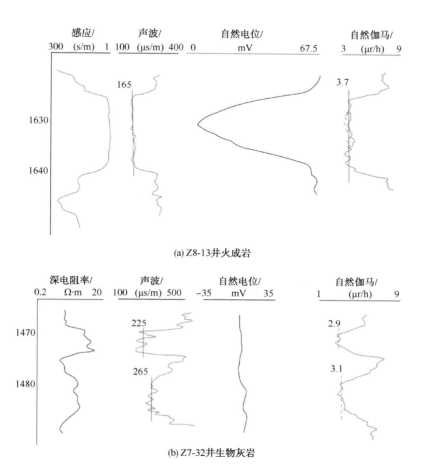

(a) Z8-13井火成岩

(b) Z7-32井生物灰岩

图 3-8　不同岩石成因背景下储层的测井响应特征

第三节　地质事件与大牛地气田的油气复查

为什么鄂尔多斯盆地的测井评价问题远多于渤海湾盆地？为什么鄂尔多斯盆地漏失油气层的概率可能更高？地质事件更复杂和测井认识僵化是产生上述问题的根源。

一、鄂尔多斯盆地油气漏失的原因分析

鄂尔多斯盆地的复杂性主要表现在地质演化频繁与事件多样。以大牛地气田二叠纪储层为例，从纵向演化看，二叠纪经历了海相、海陆交互及陆相河湖沉积；从事件多样性看，二叠纪经历了隆升、应力及水-岩反应等事件。

这些事件带来的问题主要有五个（表3-2）。一是海相混积砂岩的评价问题。海相事件中的砂岩因海水饱和，析出钙质，导致地质与测井专业人员忽视了海相混积岩的认识与评价。二是隆升事件与海陆交互事件的叠加问题。隆升事件引发海退和近源沉积，形成岩屑砂岩，导致石英砂岩中含有多种岩屑矿物，使孔隙度和饱和度计算不准，这类岩性多混积于河流相环境。三是湖相混积砂岩的评价问题。陆相环境把人们的目标聚焦于河流沉积，殊不知，它实质存在两套沉积体系——除了河流相，还有湖相！湖相背景除了石英砂岩中含有多种岩屑矿物外，湖水同样存在钙质析出，构成该区最复杂的湖相混积砂岩，并引发非常复杂的评价问题（图1-15~图1-21）。四是微裂缝储层的评价问题。鄂尔多斯盆地东部地层中虽然不多见明显的裂缝，但由于应力作用，储层中是否存在微裂缝，长期被测井专业人员忽视。五是水-岩反应问题。地层水在与各种岩石矿物作用中，会与部分矿物产生水-岩反应，导致一些矿物溶蚀形成局部高孔渗甜点，这种水-岩反应在横向上也可能有某种规律性分布，对甜点的分布产生重大影响，这也是测井专业人员难以观察到的，地质专业人员同样难以描述和预测甜点分布。忽视这些事件，难免漏失油气，即使碰巧分析对了，也属于歪打正着，终究是缺乏深厚的理论底蕴。

表3-2 地质事件与测井评价关系表

事件特点	事件类型	传统测井关注的要点	传统测井忽视的因素	油气复查方向
显性事件	陆表海沉积 海陆交互沉积 湖泊沉积	基于石英砂岩单一岩石骨架的测井评价	海相混积砂岩 河流相混积岩 湖相混积砂岩	基于混积砂岩的测井解释评价
隐性事件	隆生事件 水-岩反应事件 应力事件		储层矿物多样性 溶蚀型储层 裂缝型储层	特殊甜点的测井识别

测井专业人员难以感知事件多变对储层及油气赋存的影响，结果就是导致认知僵化。在长期的测井评价中，一味地应用传统测井原理区分油、气、水，其解释模型的建立，过度依赖石英砂岩的骨架与模型评价体系，不仅计算的孔隙度忽高忽低，饱和度与测试结果也常相差甚远。测井专业因此饱受诟病，"难受不已"。

为什么传统测井原理难以区分油、气、水呢？肯定是各种地质事件在作祟。它们扭曲了测井响应，给人各种假象。比如，要么测井曲线有着明显的"挖掘效应"，解释的气层却大量出水（图3-1）；要么没有"挖掘效应"的测井响应，却高产天然气等（图1-16）。种种假象一旦让测井专业人员迷茫，有时给出的评价结论就像赌博。由此可见，我们所知的测井解释原理仅是测井信号记录之一，而绝非全部！基于地球物理的认知信条，显然存在巨大偏差，它已很难应对现今测井专业遇到的复杂问题。

根据上述五个事件与油气漏失的关系分析，在研究大牛地气田时，可以梳理出一明一暗两个清晰的复查线索。明线是根据二叠纪地质演化，寻找气层漏失的机理及再认识方法；暗线是根据石英演化，寻找气层漏失的机理及再认识方法。

二、大牛地气田地质演化与油气复查原理

该气田的测井评价长期以石英矿物模型体系为核心。如果站在地质演化的角度，那么宏观上它至少难以准确评价三种岩性：海相混积岩、岩屑砂岩及湖相混积岩。

为什么忽视这三个事件会漏失气层呢？在此，以海相混积岩为例进行剖析。海相混积岩主要发育于二叠纪底部太原组，传统地质研究及岩性统计表明，其储层平均石英含量达90%左右，以此为依据，测井评价时，选用石英的测井骨架计算孔隙度（其中，声波骨架为182μs/m、密度骨架为 1.65g/cm³、中子骨架为-4%），此时，如果储层中不含灰质，那么计算的孔隙度无疑准确，否则，会导致计算的孔隙度明显小于储层孔隙度，漏失气层的概率大大增加。

2017 年初，大牛地气田产量急剧下滑，6 月初，笔者受命参与气田开发方案调整。在统计测试结果大数据时（图 3-9），三个矛盾现象引人注目：一是太 1 段为非主力层，为何高产层却很多？它是否被低估？二是为何山 1 段与山 2 段沉积环境相似，却成为突兀的低产带？三是为何埋藏较深的太 2 段与山 2 段才是主力产层，而非储层偏厚、孔隙度更高的下石盒子组？

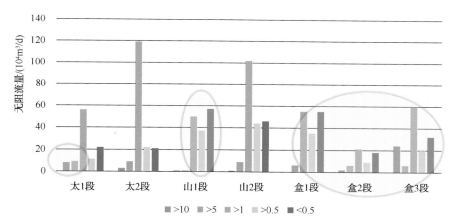

图 3-9 大牛地气田中部区域测试结果统计表

问题的背后一定隐藏着不为人知的地质事件因素：只有揭开地质变动与测井评价之间的一一对应关系，才是主动开展测井复查和准确预测漏解释气层的关键所在。

第一个问题引起了笔者的兴趣。首先，太 1 段砂岩薄，但其上下均为厚煤层，是该区的生烃层；其次，大牛地气田中部常见气层电阻率常小于 100Ω·m、自然伽马多大于40API，但是本区太 1 段和太 2 段又常见到与上述不一致的气层；第三，上述储层在太原组有些被解释为干层，却偶见测试的气层（图 3-10），这是偶然现象，还是其中隐藏着必然？

图 3-10 第一次解释为干层，测试证明是一个具有经济产能的气层。为什么当初把气层漏掉了（图中最右侧一道）？二次解释（图中右侧第二道）的含气饱和度达到 60%左右，是根据笔者团队思路顺势为之，还是有理有据而为之？这是太原组测井评价的重大问题之一。

在实际研究中，笔者团队以自研专利"一种地层岩石骨架的测井识别方法"为依托（专

利号：ZL201310218843.4），统计了海相混积岩、岩屑砂岩及湖相混积岩这三种混积岩骨架在每套地层中的变化规律，将每套地层的岩石骨架统计结果代入孔隙度计算中，几乎完美地解决了长期困扰该气田的孔隙度计算难题，为下一步准确复查打下坚实基础。

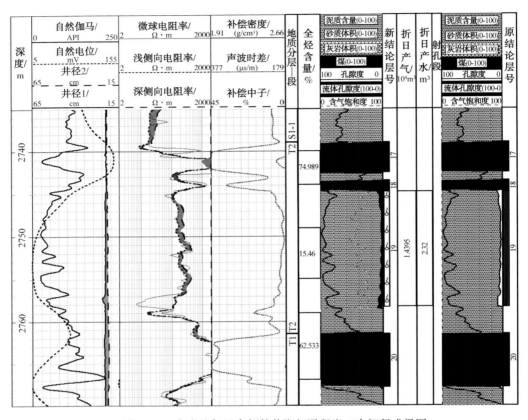

图 3-10　大牛地气田中部某井海相混积岩二次解释成果图

以图 3-11 为例，图中第五道是以石英骨架计算的孔隙度，该计算结果与岩心分析孔隙度比较，或高或低，仅偶见吻合；第四道为变骨架计算的孔隙度，该计算结果稳定，与岩心分析孔隙度全部吻合较好。新方法的引入也为还原海相混积岩的真相提供依据，图 3-10中的原孔隙度计算采用石英骨架，因孔隙度太低，把气层漏失了，二次解释采用基于混积岩统计的变骨架，孔隙度计算精度提高了，饱和度也能够真实反映气层特征。

认识的重大改变，也为重新研究太 1 段提供了机遇。实际上，太 1 段砂岩就夹在生烃的煤层中，条件可谓得天独厚。事实上，人们早就注意到这里的气层具有薄层高产的特点（图 3-12）。但其高阻砂岩是否含有灰质，却长期无人关注，这显然是一个对事件及其细节的认识问题，认识不到这一点，就很容易漏掉重要的高产气层。

如图 3-12 所示为气田某井太 1 段储层，该段有效储层 11（1）号层厚仅 2m，自然伽马20API 左右，电阻率高达 300Ω·m，深、浅侧向电阻率差异较大，与一般砂岩的自然伽马值及双侧向值差别很大，该段测试后产气量达 $6.2208 \times 10^4 \mathrm{m}^3/\mathrm{d}$，也在该气田中不多见，这足以说明，海相混积具有薄层高产的特征，是本区有待深入研究的重要储层！海相混积岩值得期待。

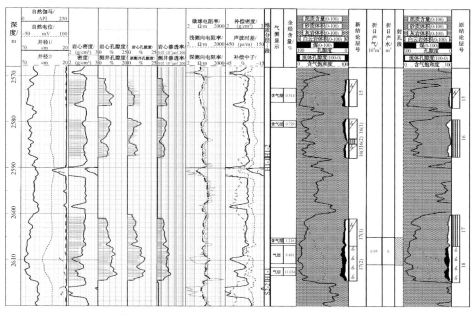

图 3-11　大牛地气田某井变骨架计算孔隙度成果图

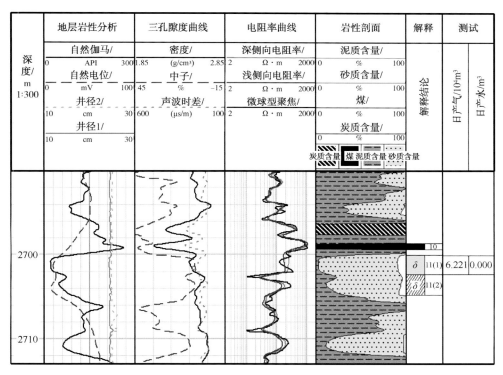

图 3-12　大牛地气田某井太 1 段储层

　　另外，大牛地气田的湖相混积岩同样值得期待，长期以来，此类储层在压裂过程中未用酸液，是否影响到储层改造效果，还有待试验验证。下石盒子组则发育高声波、低电阻气层，其原因也一直未明，同样需要攻坚，这很可能与河流相混积事件有关。

三、大牛地气田石英成岩演化与油气复查原理

成岩事件怎样影响油气判别？传统测井评价很少关注，然而这里却大有文章。石英是大牛地气田成岩演化的"灵魂"，它不仅与气田开发规律暗合，而且是造成气层漏失的潜在因素，也最不易被人们发现。

图3-9中，山1段夹在太2段与山2段之间，"突兀"成为低产带这一奇怪现象所引出的第二个问题，是揭开石英成岩演化的一把钥匙。如图3-13所示为破解山1段低产的钥匙之一，根据薄片分析，统计区内太2段溶蚀概率最高，山1段几乎最低，二者之间是溶蚀发育的巨大分水岭，这似乎有助于太2段成为主产层，山1段却成为低产带。

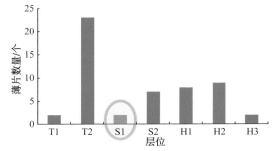

图3-13　大牛地气田中部不同储层石英溶蚀分布图（据邱隆伟等）

为什么山1段夹在太2段与山2段之间，储层石英含量也介于二者之间，却很难发生溶蚀呢？如表3-3所示为解开山2段作为主产层、山1段却沦为低产层的另一把钥匙。

表3-3　大牛地气田中部山西组成岩特征（据中国石化华北油气分公司）

成岩作用类型		特征	分布
压实作用		碎屑颗粒间以线接触为主，少量凹凸接触。塑性碎屑颗粒（云母、泥岩等）变形、弯曲，刚性颗粒压溶、碎裂	山西组
胶结作用	石英次生加大	石英主要呈Ⅰ~Ⅱ级次生加大，并常见较强的Ⅱ~Ⅲ级次生加大	山1段石英次生加大较强，并伴有溶蚀
	黏土矿物	主要为针叶状绿泥石，书页状高龄石及丝缕状伊利石和卷曲片状伊/蒙混层黏土，其产状为填隙状及薄膜包壳状	山2段高岭石、绿泥石含量较高；山1段伊利石为主，少量高岭石
	碳酸盐矿物	泥晶方解石；不规则块状、嵌晶状无铁方解石；含铁方解石	山2段为主，山1段相对胶结弱
		铁白云石，菱铁矿，自形菱面体状	山1段
	硫酸盐矿物	硬石膏，呈板条状	山2段
溶蚀作用		主要为岩屑，另有黏土矿物、石英次生加大边和碳酸盐，具多期性	山西组

由表 3-3 可见，山 1 段与山 2 段之间是石英是否发育次生加大的分水岭。其中，山 2 段因绿泥石包壳等黏土矿物因素，减缓了石英次生加大的发育，因此储层孔隙度明显增高，结合一定的溶蚀作用，成为大牛地气田中部的主力产层；山 1 段石英次生加大较强，加之溶蚀作用很弱，成为研究区突兀的低产带。

石英次生加大的分水岭对渗透率和测井解释规律影响很大。图 3-14 给出了清晰的答案。图中的纵坐标是渗透率，横坐标是地层的石英含量。图中展示了三条规律：一是随石英含量增高，山 1 段渗透率逐步降低，山 2 段反之。推测认为，石英含量越高，山 1 段发生次生加大的概率越大，渗透率越低，山 2 段绿泥石包壳的保护作用，有利于石英颗粒对孔隙的支撑，因此，石英与渗透率成正比。二是石英含量在 72%~82% 时，山 1 段与山 2 段的测试结果完全相反，值得关注。此时，正是山 2 段的含气水层分布区间（注：此处的含气水层也可能是含气层，因为测试或多或少见水且产气很少，故以实测结果标注），而山 1 段高产层主要分布于此。当石英含量大于 82% 时，山 1 段产气效果差，山 2 段的高产层却分布于此，可见成岩作用控制了石英演化，决定了渗透率的规律，对甜点分布影响重大。三是当石英含量小于 72% 时，两套地层才有了测试共性——发育产气层和低产层。可见，当石英与岩屑达到一定比例时，这种成岩作用也有利于局部甜点形成，也是成岩作用的结果，前人在研究中很容易忽视这类储层。由此看出，成岩作用对测井响应及流体识别规律影响巨大，这恰恰是地球物理思维最容易忽视之处，也是地质事件对测井专业提出的研究新需求。

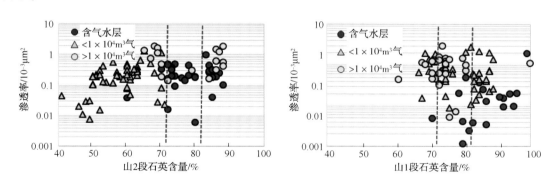

图 3-14 大牛地气田中部山西组石英含量与渗透率关系图

忽视溶蚀作用会不会造成气层评价上的漏失呢？完全有可能！在以往的岩心刻度孔隙度研究中，人们通过比较普遍采用声波计算孔隙度。从原理上看，石英溶蚀会造成三条孔隙度和三条电阻率曲线的响应差异。其中，溶蚀强度逐步增大时，密度与声波计算的孔隙度差异也会逐步加大，此时用声波计算孔隙度会偏小，并波及饱和度计算精度，导致储层认识不准，甚至可能漏失气层。可见，溶蚀与孔隙度、电阻率曲线的关系研究很重要，这不仅为溶蚀型气层识别提供了重要线索，也为饱和度计算与气层复查提供了依据。

溶蚀作用带给大牛地气田很多认识谜团。比如，为什么石英在太 2 段大量溶蚀，而山 1

段大量发育次生加大？谁给山 1 段提供了石英的物质来源，却又给太 2 段提供了溶蚀石英的液体？山 2 段为什么次生加大现象不显著呢？显然，大自然的造化妙不可言！

造成大牛地气田中部石英次生加大的深层次原因又是什么呢？将图 3-9 和图 3-15 与大牛地气田构造背景连起来看，也许能找到端倪。大牛地气田总体上呈东北高、西南低，流体运移的路径大致为西南向东北，早期的地层水具备溶蚀石英的条件。图 3-15 中的太 2 段因储层发育少导致产气层很少，结合图 3-9 及图 3-13 分析，此时的地层水缺乏可溶蚀石英，当地层水运至气田中部时，储层的发育为石英大规模溶蚀提供了极佳条件；反观山 1 段，如图 3-15 所示，因储层发育、石英大规模溶蚀而成为主要气层，此时溶蚀了过量 SiO_2 的地层水性质变酸，当它运移至气田中部时，过饱和的石英酸液极可能为石英次生加大提供物质来源。正因如此，图 3-9 与图 3-15 的山 1 段沉积环境没变、储层也未大变，但测试产能却发生了巨变。

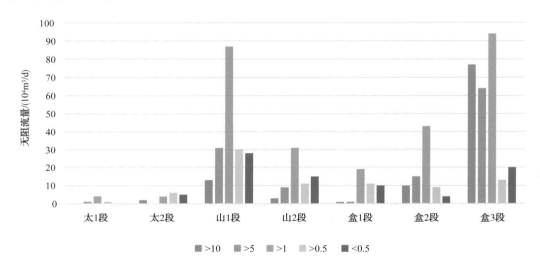

图 3-15　大牛地气田西南部测试产量与地质分层关系图

石英演化的两个分水岭也指明了复查的方向：① 怎样利用测井曲线研究储层的溶蚀条件(解决什么样的储层容易被溶蚀，什么样的储层不易被溶蚀问题)；② 怎样利用测井曲线识别溶蚀型储层，为发现气层漏失创造有利条件；③ 怎样利用测井曲线判断储层的溶蚀强度，为寻找优质的经济产层提供高质量依据。

据中国石化华北油气分公司反馈，2019 年大牛地气田老井 D1-2-19 井在采用笔者团队的新模型处理后，原解释的两个含气层（原结论层号一道中的 26、28 号层）分别升级为气层和差气层 [新结论层号一道中的 13、14（2）号层]（图 3-16）。经重新补孔，2019 年上半年测试，截至本书完稿前，已生产 103 天，累计增产天然气 $47 \times 10^4 m^3$，日增产天然气 $4795 m^3$。

可见，变骨架技术的应用大幅提升了本区孔隙度和饱和度的计算精度，提交华北油气分公司的部分气层复查已初见成效，未来可期。

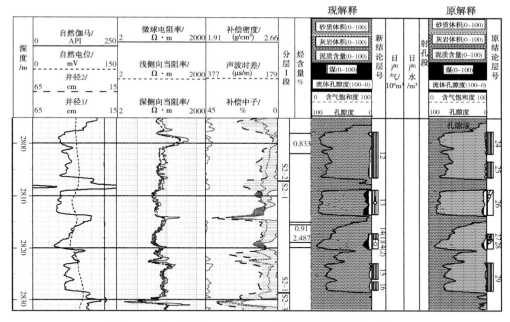

图 3-16 大牛地气田 D1-2-19 井含气层现解释与原解释

四、大牛地气田地应力事件与油气复查原理

从鄂尔多斯盆地构造-沉积演化剖面图可知，该盆地自中生代开始，受自西向东挤压作用，其应力事件也呈现自西向东逐步减弱。应力作用使储层发育了多种形式的裂缝，其中，西部的裂缝开度与密度都比较大，向东逐步减弱。大牛地气田位于盆地东北部，已难以见到明显的裂缝，但是微裂缝对于储层的影响，却长期未能引起测井专业人员的重视（图 3-17）。

岩石薄片分析发现，研究区存在多种类型的微裂缝储层，且微裂缝类型不同，测井响应也不一样。

图 3-18 中 D14 井深度 2788.58m 处岩心薄片见"X 形"裂缝，与之对应，测井曲线的密度与微球型聚焦电阻率显著降低，该段测试获无阻流量 $0.97 \times 10^4 \text{m}^3/\text{d}$。图 3-19 中 D22 井 2648.61m 岩心薄片见"多发型"裂缝，与之对应，测井曲线的微球型聚焦电阻率显著降低，该段测试获无阻流量 $2.24 \times 10^4 \text{m}^3/\text{d}$。

可见，微裂缝与测试产气关系密切，前期研究存在不足。那前人是否会漏失此类气层呢？很有可能。一则，微裂缝有利于改善储层局部渗流条件，使相对低孔隙度的储层具备工业产气的可能；二则，对于微裂缝较为发育的气层，也极可能因渗流条件的巨大改变，引发泥浆侵入较深，导致部分本来产气较高的储层测量不出"挖掘效应"，成为气层评价时漏掉气层的隐患。图 3-20 即笔者在预测后发现的无"挖掘效应"气层，可见此类气层具有较高挖潜价值。

测井曲线地质解义

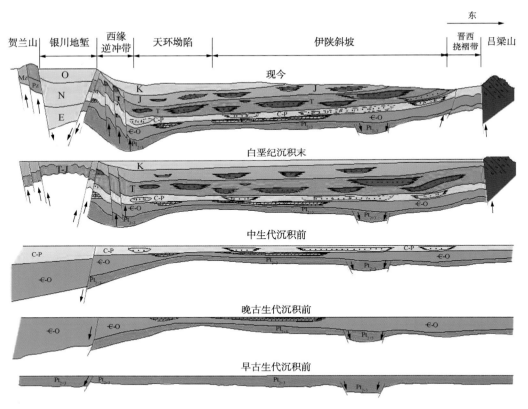

图 3-17　鄂尔多斯盆地构造–沉积演化剖面图(据中国石油资料)

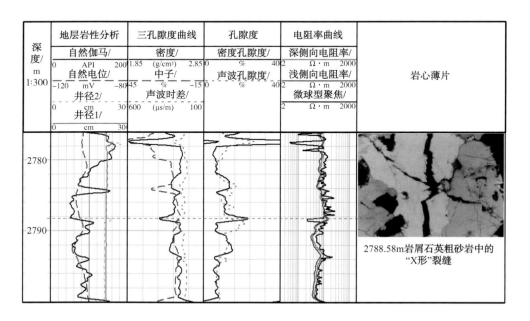

图 3-18　D14 井裂缝与测井响应关系图

深度/ m 1:200	地层岩性分析			三孔隙度曲线			孔隙度		电阻率曲线			岩心薄片
	自然伽马/ 0 API 200			密度/ 1.85 (g/cm³) 2.85			密度孔隙度/ 0 % 40		深侧向电阻率/ 2 Ω·m 2000			
	自然电位/ −120 mV −80			中子/ 45 % −15			声波孔隙度/ 0 % 40		浅侧向电阻率/ 2 Ω·m 2000			
	井径2/ 0 cm 30			声波时差/ 600 (μs/m) 100					微球型聚焦/ 2 Ω·m 2000			
	井径1/ 0 cm 30											

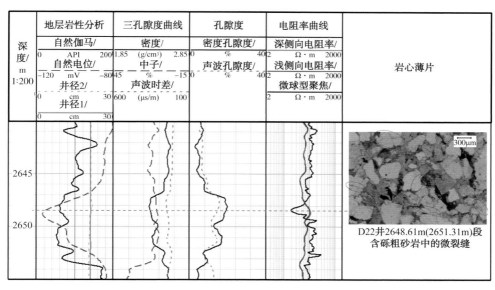

D22井2648.61m(2651.31m)段含砾粗砂岩中的微裂缝

图 3-19　D22 井裂缝与测井响应关系图

如图 3-20 所示为大牛地气田中部某井，图中 2772.5～2777m 测试段未见"挖掘效应"，微球型聚焦电阻率齿化降低，为微裂缝成因，该段测试无阻流量达 4.24×10⁴m³/d，为一高

深度/ m 1:300	地层岩性分析			三孔隙度曲线			孔隙度		电阻率曲线			测井解释	测试	
	自然伽马/ 0 API 250			密度/ 1.85 (g/cm³) 2.85			密度孔隙度/ −10 % 40		深侧向电阻率/ 2 Ω·m 2000			解释结论	日产气/10⁴m³	日产水/m³
	自然电位/ 50 mV 150			中子/ 45 % −15			声波孔隙度/ −10 % 40		浅侧向电阻率/ 2 Ω·m 2000					
	井径2/ 0 cm 30			声波时差/ 600 (μs/m) 100					微球型聚焦/ 2 Ω·m 2000					
	井径1/ 0 cm 30													
												δ	4.240	0.000

图 3-20　微裂缝成因的无"挖掘效应"气层

53

产气层。在以往的研究中，测井人员曾无意识地感知到此类气层，但从未深思过其成因机理，因此，错失了对它的研究与认识，殊为可惜。

上述研究表明，事件与油气发现渊源深厚，地质学家和测井专家都可能漏失油气，漏失油气的根本原因就是对事件的认知不全，抑或是漏掉了事件本身。

无论是波澜壮阔的人类历史，还是沧海桑田的地史，事件永远与人类如影随形。石头无言，却铭刻了地史中的种种事件及其细节，此刻，无声胜有声！

第四章　地质事件与低阻油气层分布及成因

低阻油气层曾为石油工业贡献巨大，它是油气田复查、增加储量及寻找接替产能的重要"阵地"。

由于研究手段受局限，低阻油气层挖潜仍有巨大空间。传统方法聚焦于地球物理，其贡献是研究清楚了部分已知低阻油气层的成因，也能据此识别和评价部分潜力层；其不足在于该方法难以预测其分布规律，导致许多低阻油气层仍难以被发现。其原因在于它与地质事件的成因关系研究匮乏，阻碍了人们对其深层次的认识，以致难以做到预测与细分类研究。事实上，地质事件决定了低阻油气层的成因类型，以致含油气盆地的类型不同，低阻油层的成因、分布及识别规律将差异很大。

第一节　地质事件与低阻油气层分布

盆地及其内部种种事件事关低阻油气层的成因与分类。我国盆地受控于大地构造，每类盆地的地质事件都有其共性与个性，这决定了低阻油气层成因的共性与个性。其在地域上的特殊性受控于盆地事件的个性，即某些低阻油气层会专属于盆地的个性；其在各盆地的共有类型可对应各盆地岩石成因的共性特征。可见，其分类既受盆地事件的个性控制，又与岩石成因的共性有关。这两条线索构成了其分类研究和分布预测的重要指向。

盆地对低阻油气层的成因类型及分布有哪些影响呢？学术界讨论匮乏，限于笔者认知水平，本书很难解决它与盆地事件的全部因果关系，但抛砖引玉的意义很大，在此仅以有限的知识进行举例分析，从盆地分类及其事件入手，为有志于低阻油气层研究者提供一种新思路。

中国主要含油气盆地可分为三类，即中国东部以渤海湾盆地为代表的裂谷型盆地；西部以塔里木、准噶尔、柴达木盆地为代表的挤压型盆地；中部以鄂尔多斯、四川盆地为代表的克拉通盆地（彭作林，1995）。这三类盆地的事件不同，引发连锁反应，对低阻油气层的成因与分类影响也将不同。

从应力事件看，西部盆地以挤压事件为主，强烈的挤压作用使盆内发育大量裂缝型储层。其中，相当一部分此类储层裂缝开度大，钻井液侵入深，形成专属于此类盆地的裂缝型低阻油气层。另外，由于裂缝类型及裂缝充填程度不同，钻井液的侵入状态也不同，最终油气层电阻率的变化特征也不同，可见挤压事件对低阻油气层构成了复杂影响。裂缝型低阻油气层专属于挤压事件，在裂谷型含油气盆地中，此类低阻仅见于潜山储层中，它仍与古应力事件有关；我国中部的克拉通盆地在发展演化过程中，构造应力场多数无大的变化，此类盆地具有厚层刚性大陆地壳（或岩石圈）、长期保持相对稳定，可形成多套生油岩、储集层和多种类型的圈闭。其地质条件的长期相对稳定，使中、古生界地层成岩作用很强。当成岩作用所占测井曲线信号比重很大时，油气层电阻率常小于围岩或水层电阻率，成为此类盆地最常见的低阻油气层类型，即现今学术界广泛讨论的低对比度油气层（司兆伟，2016；张少华，2018），其实质与成岩成因有关。另外，此类盆地的边界受应力作用，会发育不同类型的裂缝型低阻油气层。以鄂尔多斯盆地为例，该盆地的应力作用西部强、东部弱，在盆地西部有中国石化开发的红河油田，该储层中各种裂缝广泛发育，盆地偏东部的大牛地气田储层显著裂缝很少，但微裂缝时有发育，前人遗漏了部分微裂缝成因的低阻油气层。可见，盆地成因对低阻油气层分布有控制作用，某些低阻油气层也专属于盆地某些部位；裂谷型盆地成因于张扭力，张扭力作用的结果使沉积分异充分，弱水动力成因的低阻油气层成为此类盆地的最常见类型。前文中已论述，此类盆地的低阻油气层可通过准确描述沉积背景加以预测，它在纵向上受构造与沉积的联动关系影响，横向上主要分布于弱水动力沉积背景。

从砂岩岩石类型看，盆地成因以及母岩特征的差异，导致不同盆地的岩石类型差异巨大，构成低阻油气层成因与类型的差别。其中，由于挤压、碰撞，我国中西部盆地的储层多与隆升事件有关。岩性与矿物的复杂多样，使电阻率成因极为复杂，储层含油气测井信号难以识别，此时石英含量较高的储层不一定渗透率高，石英与岩屑构成一定比例的储层更可能是甜点，形成专属于此类盆地的特殊低阻油气层。这种低阻油气层常具有三个特征，专属于隆升事件成因：一是此类油气层含有一定岩屑，岩屑对于储层是否成为甜点具有多重影响。岩屑含量太高时，塑性岩屑容易堵塞孔道，使储层物性变差，流体难以流动；岩屑太少时，储层物性取决于石英与地层水是否发生水-岩反应，如果地层水携带石英物质过多，则容易生成石英次生加大边，导致储层物性变差。如果地层水对石英具有溶蚀作用，则产生甜点（见前文图3-9~图3-15论述）；当岩屑与石英比例适中时，石英颗粒的支撑作用与少量岩屑的溶蚀，对储层改造明显，也有利于甜点形成。二是此类油气层是低对比度油气层的重要类型之一。图4-1中仅仅依靠电阻率，产气层与干层几乎无差别，其电阻率成因复杂，是岩石类型、岩屑矿物、孔隙结构及气水等因素的综合响应，流体因素所占测井信号太小，因此与其他储层很难区分。三是此类油气层在中浅层常见特殊类型为高声波、低电阻型气层。这类气层多远离烃源岩，且储层越厚，越容易产生高声波、低电阻特征。究其原因，此与储层含气丰度及气、水运移有关。

图4-1中第六道分别含计算的密度和声波孔隙度，二者见两种截然相反的变化关系：一为密度孔隙度偏大于声波孔隙度。薄片观察发现，产气层底部岩屑溶蚀量高达57.9%，此时储层底部因孔隙度高，致含气饱和度高、电阻率偏高，根据测井原理，该种孔隙度差异随含气饱和度增加而扩大（见图4-1的3078.5~3080.5m）；二为声波孔隙度大于密度孔隙度。随储层向上，岩屑溶蚀程度减弱，电阻率显著降低，储层孔隙度和饱和度也逐步降低，两种孔隙度在3078.5m以上发生反转。

为什么孔隙度和饱和度降低了会出现高声波、低电阻现象呢？该现象在鄂尔多斯盆地很普遍，但学术界对其研究程度有限。其实，它也有声波实验的依据：当地层孔隙中天然气含量低（如含气饱和度为25%时），可造成声波速度大幅度降低，声波时差增大，此时声波孔隙度会大于密度孔隙度，储层测试多为低产工业气层。可见，饱和度变化影响储层电阻率、密度及声波的变化，图中测试段的溶蚀不均质现象，还原了三者间的变化关系，牢牢地把握住这种关系，对于研究与隆升事件有关的低阻油气层意义重大。

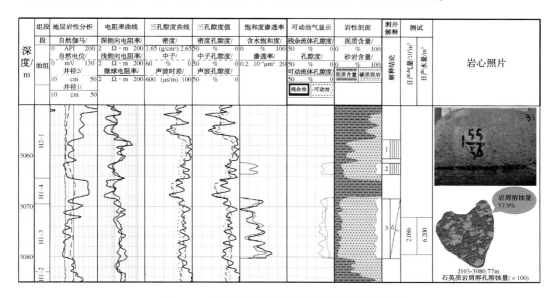

图4-1　杭锦旗北部某井低阻气层测井曲线图

　　气、水运移为何能成为这类气层的另一关键呢？目前见到的高声波、低电阻气层多见于次生气藏中，显然与运移有关。当气充注欠充分，如有限的气体分布于厚砂体时，储层含气丰度不高，此时声波较密度、中子可更敏感地捕捉到含气特征，这很可能是油气运移产生高声波、低电阻气层的原因，这类气层多低产却具备经济价值即能佐证上述认识。

　　高声波、低电阻气层与水层难以区分，二者有无辨别方法呢？秘密应该还是在三孔隙度身上。图4-2为杭锦旗测试证实的一个水层，图中第四道也包含计算的密度与声波孔隙度，该水层在图中第四道的三条孔隙度曲线完全重合，与图4-1的产气孔隙度测井信号完全不同。可见，对于专属于隆升事件的特殊油气层，弄清地质本因与测井曲线间的专属响应关系很关键，深入研究不同测井曲线的测井响应差异，是破解复杂问题的一个好思路。

　　我国东部裂谷型盆地的岩石类型主要为石英物质，这与张扭力产生的沉积相分异充分有关。由此可见，该地区低阻油气层主要与石英颗粒的变化有关，前文中图3-2～图3-6已有论述，石英颗粒变化成因的低阻油气层专属于此类盆地。

　　从成岩事件看，中西部盆地因隆升事件，储层矿物种类繁多、受应力作用影响大。其成岩与应力事件的叠加，造成低阻油气层的两种鲜明特点：一是应力导致电阻率变化不一，该影响远大于电阻率中的油气信号，使这里有较多低对比度成因的低阻油气层；二是溶蚀矿物的多样性与复杂性，使低阻油气层识别非常复杂，犹如万花筒一般，呈现出多种样式。

我国东部裂谷型盆地的成岩事件相对规律，可溶蚀物质相对单一，相对复杂的溶蚀现象一般出现在特殊地区，如断陷陡坡区的砂砾岩地层。

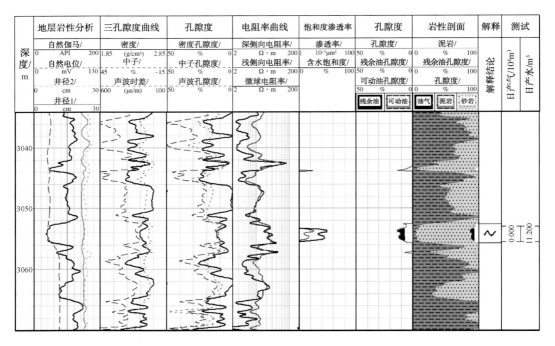

图 4-2　杭锦旗北部某井水层测井曲线图

第二节　地质事件与低阻油气层类型划分

本书对低阻油气层的定义是，被地质或钻井条件控制、与邻近水层缺乏比较分析能力的油气层，其电阻增大率值 $I<2$。据此，低阻油气层有三个明显特点：① 从成因上看，低阻油气层由内因(地质背景条件)和外因(钻井条件)构成；② 从评价方法上看，低阻油层缺少准确的识别参照物，特别是可作比较的水层；③ 从约束条件上看，$I<2$ 是低阻油气层区别于其他常规油气层的基础。

根据上述分类，从内因看，低阻油气层的类型划分可依据地质事件的类型，而其外因为钻井条件。

一、构造事件成因的低阻油气层类型

构造事件对低阻油气层的形成影响最大，其成因机理主要有五个：

（1）构造控制或影响含油气饱和度分布。构造幅度较大时，在油水或气水界面附近容易形成低饱和度成因的低阻油气层，而低幅度含油气构造上，形成低阻油气层的概率较大。

图 4-3 为印度尼西亚南苏门答腊盆地某井，2 号层深度为 6328~6343ft，仅高出 3 号水

层不到 25ft(约 7.6m)，其底部电阻率 $6\Omega \cdot m$ 与 3 号层电阻率接近。初期测试及早期生产均为纯气层，开采 7 个月后，含水上升到 23%，该低阻气层成因显然是离气水界面太近、储层含气饱和度偏低。

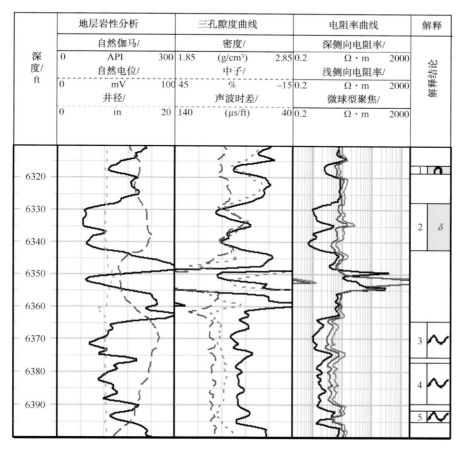

图 4-3　低幅构造成因的低阻气层识别图

（2）层序界面上、下的地质事件突变。这种突变主要引起沉积旋回或沉积水动力的强弱变化，并引发人们判别上的假象。其沉积旋回或沉积水动力变化的分界是沉积转换面，因此，找到这个界面，对于研究和预测此类低阻油气层非常关键。

图 4-4 为辫状河-曲流河转换与油层电阻率变化关系图。图中引用大港油田某区一浅井，从测井曲线上看，1670m 深度附近为沉积转换界面(辫-曲转换面)，以自然伽马或自然电位度之，界面之下的馆陶组地层为"砂包泥"特征，砂层厚、油层电阻高，电阻率超过 $20\Omega \cdot m$；界面之上的明化镇组为"泥包砂"特征，砂层孤立于泥岩中、测井曲线齿化明显，高孔隙处的电阻率仅为 $8\Omega \cdot m$，测井初期解释为水层，后经试油证实为低阻油层。大港油田在明化镇组下部明三油组、明四油组中发育大量的低阻油层，其复查历数十年而不衰，至今魅力不减。由此可见层序变化对油气层电阻率的巨大影响，识别该层序界面，对低阻油气层判别很有帮助。

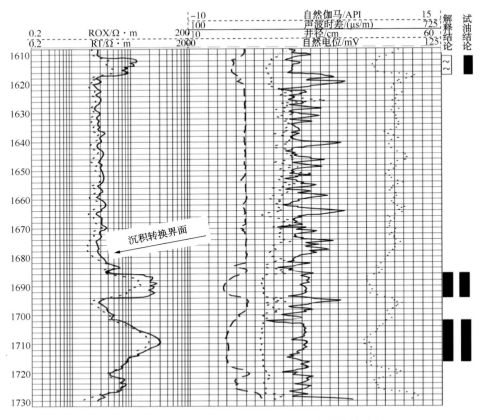

图 4-4 辫状河-曲流河转换与油层电阻率变化关系图

（3）构造控制沉积节律。这是构造与沉积作用互动使然，它导致低阻油气层形成的原因在于，沉积水动力的根本变化导致了人们的判断错觉，使低阻油气层显得不起眼，有时这类油气层不容易找到沉积节律变化的界面。前文中图 3-2 的案例即是此类表达。

（4）构造应力与钻井液侵入成因。区域应力场与构造的组合关系决定着区域局部应力场性质。例如，山前构造带受挤压，泥岩的电阻率高达几十欧姆·米，该因素往往会形成一些特殊的、受应力作用影响的低阻油气层类型，其特点为油气层电阻率低于围岩电阻率，部分油层甚至属于裂缝成因的泥浆侵入型低阻油气层。

构造应力与低阻油气层的关系表现在三个方面：一是构造应力使围岩电阻率大大高于其正常范围，导致油气层电阻率相对变低，不易于识别；二是构造应力较大时，易使储层产生裂缝或微裂隙，钻井液侵入开启裂缝时，易于形成泥浆侵入型低阻油气层；三是当泥浆侵入带小于深探测电阻率的探测范围时，测井信息常表现为较大的深、浅电阻率差异。

图 4-5 为塔西南山前构造的某油田 k30 井，图中测试证实发育两套低阻气层。其第三系的泥岩电阻率高达 $20\sim60\Omega\cdot m$，油气层电阻率一般为 $5\sim9\Omega\cdot m$，其深、浅电阻率差异较大，为典型的构造应力作用成因的低阻油气层类型。

（5）构造事件与其他事件的叠加因素。构造因素与其他事件的叠加，常形成不易识别的复合型低阻油层，如图4-5所示即为应力与钻井液侵入事件的叠加，形成"成岩-裂缝-泥浆作用成因的低阻气层"，这些低阻油层多见于挤压背景成因的盆地中。另外，构造因素造成的物源变化及其对储层成岩作用的影响，都或多或少地影响低阻油层的形成。因此，构造因素对低阻油层的形成和分布有非常重要的控制作用。

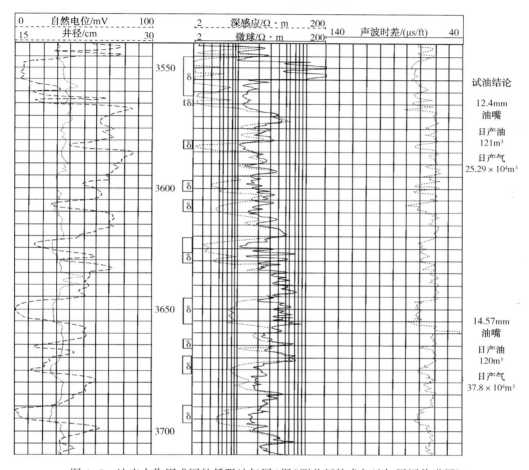

图4-5　地应力作用成因的低阻油气层(据《测井新技术与油气层评价进展》)

二、沉积事件成因的低阻油气层类型

与沉积有关的低阻油气层成因本质相似却类型各异，其主要成因机理在图3-3和图3-4中已详细说明，在此主要分析低阻类型，主要包含四个：

（1）低能沉积背景。低能环境的地层结构是"泥包砂"，砂层孤立于大段泥岩之中，砂岩因低能沉积而富含粉砂和泥质，构成两个潜在的低阻成因：一是粉砂含量偏高，会导致储层孔隙结构复杂、束缚水含量上升、含油气饱和度偏低，引发低阻；二是有些泥质具有附加导电作用，引发低阻。

如图4-6所示为江苏油田某区块W3-7井阜三段地层，2004年4月3日完井，从自然伽马和自然电位看，解释的干层与水层孤立于泥岩之中，射孔试油获初产 10t/d 油流。该段的深感应电阻率 $3.0\Omega \cdot m$，孔隙度为 26%，录井均为油迹粉砂岩。可见，低能沉积容易掩盖油气层真相，录井因素值得重视。

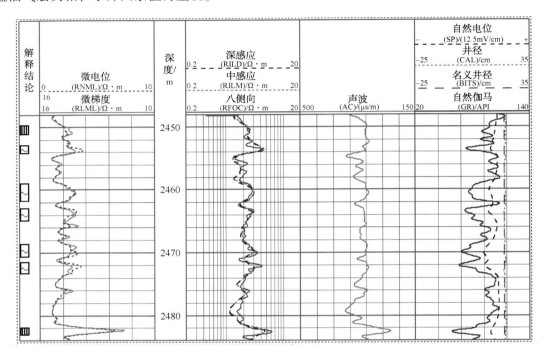

图 4-6　低能沉积与低阻油层关系图(据中国石化江苏石油勘探局)

（2）沉积韵律因素。沉积韵律的多变，或因水动力变化产生油气层低阻假象，或因沉积韵律反转引发判断的不确定，或形成薄互层结构，致使测井仪器测不准地层真电阻率。

其中，薄层结构有以下几种表现形式：一是油气层岩性稳定，但储层太薄，以致测井仪器测不到储层真电阻率，引发流体判断困难，如图 4-7 所示；二是储层以砂、泥薄层间互形式存在，导致储层不仅含泥导电，而且仪器也测不到真电阻率的困境，如图 4-6 中 2464m 和 2469m 深度处的油层电阻率最低；三是储层岩性结构特殊，如图 3-4 中，细砂岩与粉砂岩按含量百分比呈现的互层结构等。可见，薄油气层的识别很复杂，很容易被测井专业人士漏失。

沉积韵律反转型低阻油气层也考验判断力。如图 4-8 所示为江苏油田某区块 S34 井测井曲线图，其低阻油层的成因显然与沉积反转有关。该低阻油层识别的难点在于，它夹于水层间，一般情况下是不敢判别油层的。从宏观上看，11 号层的自然伽马与自然电位具有反旋回特征(自然电位能反映渗透率，一般中浅层岩性越粗，渗透率越大)，12 号和 13 号层及其上部未解释的小薄层为正旋回，沉积旋回的反转可能与局部层序界面有关。测试证实，该低含油饱和度油藏在高邮、金湖凹陷诸多含油断块中都存在，正旋回河道砂与其顶部泥岩构成的局部储盖组合，应该是低阻油层赋存的原因。

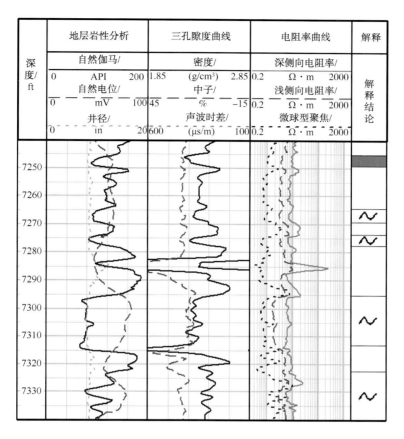

图 4-7　薄层与低阻油层识别关系图

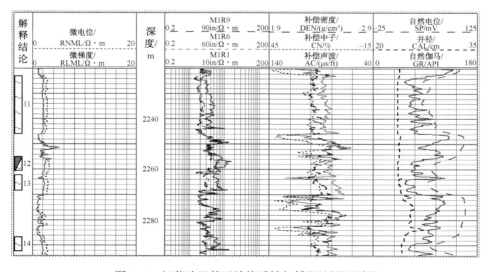

图 4-8　江苏油田某区韵律反转与低阻油层识别图

沉积韵律反转型低阻油气层非常隐蔽，亦具迷惑性，它分布于不同类型盆地中，与沉积层序的变化有关联，需要加强认知意识。如图4-9所示为厄瓜多尔某油田韵律反转背景下，识别出的低阻油水同层。研究表明，该沉积反转面在该油田中广泛发育，该界面是控制油层与水层分布的纵向界面。

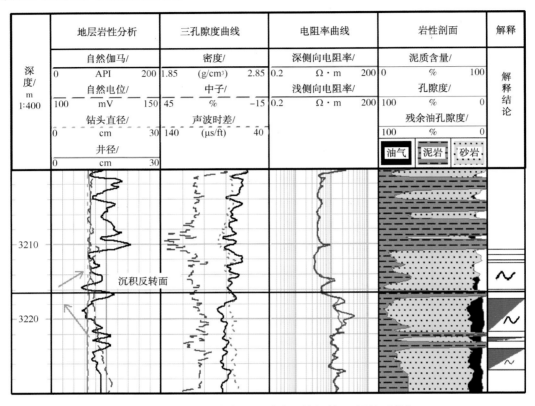

图4-9　厄瓜多尔某油田韵律反转与低阻油层识别图

（3）沉积微相的边界因素。沉积微相边界的主要特点是沉积水动力不稳定，最容易形成诱发储层低阻的岩性结构，另外，这里也是预测低阻油气层平面分布的重要区域。在前文图2-12及图2-13中已有详细论述，在此不复赘言。

（4）沉积事件与其他事件的叠加因素。沉积因素与其他事件的叠加，会形成复合型低阻油气层。如不同气候事件造成地层水不同，当气候事件与沉积事件叠加时，会造成复合低阻油气层的表现形式差别等。

三、气候事件成因的低阻油气层类型

气候的差异导致不同地域的地层水不同，以致不同地域的低阻油气层测井响应特征不同。这种差别具有宏观系统性，且一脉相承。

以早古近系为例，该时期是我国重要的成油期之一，也是气候带分异明显的时期，自北向南可以分为四个气候带：北部潮湿暖温带-温带，该带包括东北大部和内蒙古自治区东

北部；半潮湿半干旱亚热带，该带东起渤海湾盆地，西至准噶尔盆地；干旱亚热带，该带包括华中地区至青海和新疆南部；南部潮湿亚热带-热带，该带包括华南地区至西藏及广东、广西沿海大陆架(胡见义，1991)。

如图 4-10 所示为不同气候背景下的低阻油层测井特征。图 4-10 中左图是吐哈油田的 Y6-11 井，储层处于半干旱、干旱的亚热带气候，该气候背景下的储层地层水矿化度高，测试资料表明，研究区地层水矿化度高达 20×10^4 ppm(1 ppm $= 10^{-6}$)，以致油层的电阻率最低仅 $0.7\Omega \cdot m$，这种电阻率小于 $2\Omega \cdot m$ 的油层被一些学者称为绝对低电阻率油层，它多见于干旱气候事件；图 4-10 中右图是大港油田的 G99-1 井，储层处于半潮湿半干旱亚热带气候，该气候背景下的储层地层水矿化度不高，一般小于 5×10^4 ppm，低阻油层电阻率一般大于 $3\Omega \cdot m$，该井低阻油层电阻率测值为 $4 \sim 5 \Omega \cdot m$，解释为水层，试油却为纯油层，日产油 6.95t，这种电阻率大于 $2\Omega \cdot m$ 的油层被一些学者称为相对低电阻率油层。

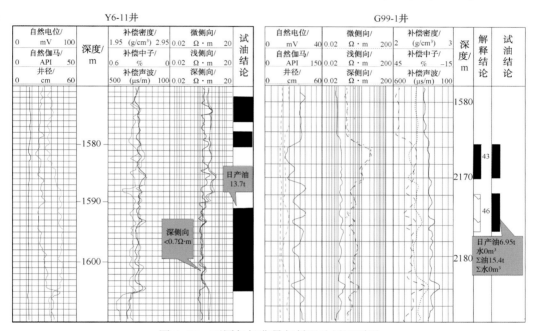

图 4-10　不同气候背景与低阻油层识别图

可见，气候事件影响了低阻油气层的具体命名。另外，图 4-10 右图中的低阻油层之所以难以识别，还与前文提到的沉积旋回因素有关：根据自然伽马曲线，该井沙 1 下段储层整体为一套反韵律沉积，43 号层沉积水动力强，电阻率测值达到 $12\Omega \cdot m$，为正常油层；46 号层则沉积水动力弱，又处于反旋回下部，很不起眼，这显然是一个沉积-气候事件叠加成因的低阻油层，叠加事件成因的低阻油气层在今后研究中应予以重视。

气候影响地层水特征，它也有三个方面的衍生因素：一是极高的地层水矿化度条件下，形成电阻率绝对值很低的低阻油层，当地层水矿化度超过 10×10^4 ppm❶ 时，其电阻率值甚

---

❶1ppm $= 10^{-6}$

至可在 $1 \sim 2\Omega \cdot m$ 变化。二是沉积水提供了成岩作用所必需的物质基础，引发水-岩反应。这是测井评价的全新课题，本书第三章已初步提及其改善储层部分。它对储层的影响具有两面性，比如在成岩作用中，沉积水促成钙质胶结或形成自生黏土矿物，常产生中孔、低渗的储层，形成特殊的低含油饱和度低阻油层类型，吐哈盆地的雁木西油田低阻油层的成因与此关系甚大。三是沉积水作为中、低温热液，成为成矿物质的载体，为储层提供导电矿物如黄铁矿等，形成另一类特殊的低阻油层。

四、成岩事件成因的低阻油气层类型

成岩事件成因的低阻油气层类型多样，主要与地质年代、地层埋深、溶蚀及应力等因素有关，这类低阻油气层的主要特点是，油气层与干层、水层及围岩的电阻率差别小，有学者将其称为低对比度油气层。目前，主要发现的低对比度油气层有三类，这三类虽然均具有低对比度特征，但测井曲线细节不一样。

（1）压实作用因素。压实作用所产生的低阻油层现象，体现在两个方面：一是造成储层中孔隙度的减小。使电测井中岩石骨架信息占有的比重增大，油气信息占有的比重降低，在一定程度上，增大了岩性掩盖含油性的概率，缩小了油气层与水层电阻率测值的差异；二是导致储层孔隙结构的复杂化。微孔隙增加，孔道弯曲程度加大，相对而言，水层电阻率测值升高幅度大于油层电阻率测值升高幅度，使油、水层差别不明显。近年来，这类储层逐渐引人关注，也有越来越多的发现，成为低阻油层未来研究的重要内容。这类低阻油气层因压实作用强，测井曲线的典型特征是孔隙度比较低，测试多低产，是典型的低渗油气层。

如图 4-11 所示为大牛地气田西南区某井山 1 段储层，由于成岩作用的影响，两套砂岩储层的电阻率远低于临近泥岩层，砂岩储层孔隙度在 $5\% \sim 10\%$，平均小于 7%，渗透率在 $(0.1 \sim 1) \times 10^{-3} \mu m^2$，平均小于 $0.5 \times 10^{-3} \mu m^2$，显然是低孔、低渗储层，两套层合试，日产气仅 $0.4735 \times 10^4 m^3$，是典型的压实成因低阻油气层。

（2）溶蚀因素。在压实背景下，有时会发生水-岩反应，即产生地层水与储层矿物的相互作用，导致储层局部孔隙度、渗透率增大，形成"甜点"，这类低阻油气层的产量好于前者，其产量高低与矿物的性质有关，一般与溶蚀强度成正比。测井曲线的典型特征主要是，存在三孔隙度测量差别，三电阻率因溶蚀强度不同而测井响应各异，其中随溶蚀强度增加，微球有降低趋势，具体分析见本书第三章。

地质学家和测井专家为什么很少关注水-岩反应与甜点赋存的关系呢？这是因为受专业壁垒的制约：岩屑是多种矿物成分的总称，石油地质专业人员对各种岩屑矿物耳熟能详，但对于它们的性质却知之有限，这是弄不清岩屑与甜点之间关系的要因；矿床专业人员比石油地质专业人员更了解岩屑矿物的性质，但其关注目标主要是固体矿产，而非流体矿产；地球物理专业更是因为几乎没有岩屑的概念，对于岩屑的认识基本处于空白，等等。专业衔接的空白以及专业壁垒，导致我们远未形成针对岩屑的系统研究，甜点预测还在其后。

目前，石油行业识别矿物溶蚀主要靠反映微观的薄片，因此还难以做到宏观地质预测。

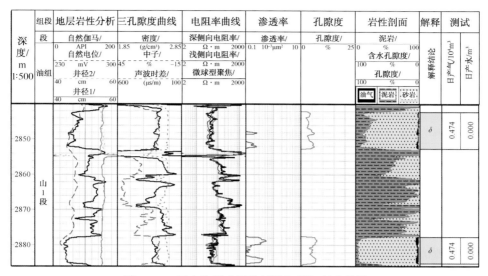

图 4-11　压实作用成因的低阻气层解释成果图

　　测井介于微观薄片与宏观地质之间，未来利用测井技术研究和预测甜点分布，将大有可为。

　　如图 4-12 所示为大牛地气田 D42 井盒 1 段溶蚀成因的低阻气层。传统测井评价方法计算的储层孔隙度明显偏小，导致含气饱和度计算精度低，平均仅 40% 左右，测井解释为差气层，该段测试后，折合日产气 0.69×10⁴m³，是具有经济产能的气层。表 4-1 为该层取心段鉴定后的溶蚀证据，可见，溶蚀型低阻油气层是低阻油气层研究的重要方向。

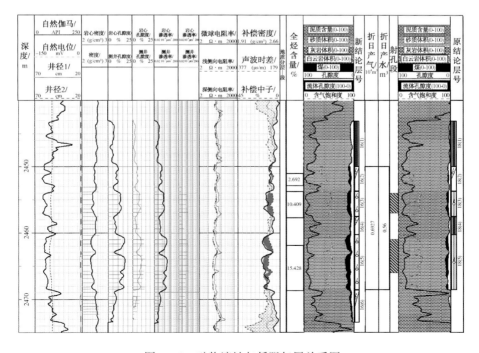

图 4-12　矿物溶蚀与低阻气层关系图

表 4-1 D42 井岩心分析数据表

样品号	层位	深度/m	岩心孔隙度/%	岩心渗透率/$10^{-3}\mu m^2$	岩心密度/（g/cm³）	总面孔率/%	粒间溶孔/%	粒内溶孔/%
D42-7	盒1	2456.94	10.3	1.16	2.41	7.6	1.5	3
D42-18	盒1	2463.42	11.8	0.669	2.38	6	3.5	2.5
D42-25	盒1	2468.12	14.4	0.595	2.31	6.5	3.5	2.5

（3）应力因素。应力对储层电阻率的影响主要有三个方面：一是应力施加于地层时，促进了成岩作用，导致储层孔道弯曲度复杂，形成低对比度型低阻油气层；二是形成显著的构造裂缝，造成钻井液侵入与测井曲线上相对明显的裂缝事件叠加，形成如图 4-5 样式的叠加成因低阻油气层；三是形成微裂缝事件。当微裂缝延伸较远，造成钻井液侵入与测井曲线上相对隐蔽的微裂缝事件叠加时（虽然上述裂缝均可能成因于构造因素，由于裂缝级别不同，对应的测井响应也不同，在此以测井响应特征为依据，将两者区分开），形成如图 3-19 样式的叠加成因低阻油气层。

（4）成岩事件与其他事件的叠加因素。成岩因素与其他事件的叠加，会形成复合型低阻油气层。目前主要发现三类，即成岩-构造-侵入、成岩-侵入及成岩-沉积事件的叠加。后两类已有介绍，在此介绍第一类。

事件的叠加会导致测井曲线异常形变，成岩-构造-侵入因素的叠加更甚。如图 4-13 所示为典型的低对比度气层，储层岩性为钙屑砂岩，它作为围岩的电阻率背景值可达上千甚至上万欧姆·米，含气段电阻率也超过 $100\Omega \cdot m$。由于陆相成因油田的复杂性，随着勘探、开发难度的加大，成岩作用成因与复合作用成因的低阻油层，在低阻油层评价中所占的比例将越来越高。

图中可见含气段的三种事件作用：一是构造应力事件。该事件产生两个半充填低角度裂缝（深度 4149.7m 和 4155.5m），曲线中可见声波时差的小幅增高（第七章中岩心标定已证实），这与低角度裂缝引起声波传播路径变长有关，与之对应的是电阻率大幅降低，这与钻井液侵入低角度裂缝有关，声波与电阻率的联动，构成测井曲线识别低角度裂缝的证据链。二是钻井液侵入事件。该事件是构造应力事件的伴生事件。三是与方解石有关的成岩事件。方解石之于储层孔隙具有两面性，一方面可以充填孔隙与裂缝，使储层致密，另一方面它可以溶解，形成局部甜点，该层测试产气，方解石的两种因素均起作用，它是半充填低角度裂缝产生的原因，也是局部溶蚀形成甜点的关键。怎样识别方解石溶蚀呢？众所周知，声波测井以测量储层原生孔隙为主，密度曲线则可以反映次生孔隙，分别计算二者孔隙度，将二者在局部稳定的干层处重叠（图中第四道 4132~4133m 处），有助于识别储层中的次生溶蚀孔。图中，在低角度裂缝附近，密度孔隙度明显大于声波孔隙度，且沿着低角度裂缝，这种增大趋势明显逐步减弱，表明溶蚀沿着低角度裂缝对称发育，且在低角度裂缝上溶蚀强度最高。

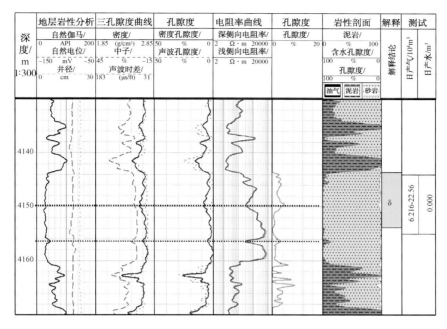

深度/m 1:300	地层岩性分析	三孔隙度曲线	孔隙度	电阻率曲线	孔隙度	岩性剖面	解释	测试

图4-13　成岩-构造-侵入因素叠加成因的低阻油气层识别图

五、侵入事件成因的低阻油气层类型

侵入事件成因的低阻油气层特别难识别，主要与内、外因有关。这类油气层是测井评价中最难研究的类型之一，其研究的关键在于对测井曲线响应细节的准确把握。表现形式有三种。

（1）外因侵入事件。外因主要与钻井液有关，目前常见因素有两个：一是钻井时选用了盐水泥浆。当盐水泥浆长时间浸泡地层，会产生一种特殊低阻油气层。二是钻井液侵入不同裂缝类型的储层，形成不同测井响应特征的低阻油气层。

在渤海湾盆地，临近海边的区块钻井时常选用海水配制钻井液，导致钻井液矿化度高，因此，钻井液侵入成因的低阻油气层多发于此处。如图4-14所示为渤海湾盆地某探井。该井2806~2822m两个层初期被解释为水层，测试证实为油层，判断错误的原因就是忽略了钻井液侵入。

为什么该井两个层出现早期判断错误，在正式测试前又能够纠正呢？实际上，两个油层电阻率虽仅3Ω·m左右，但两个信息仍留有含油的微弱证据。一是岩屑录井见油迹和荧光显示；二是储层岩性变化导致钻井液的侵入差异。一般而言，随沉积水动力纵向变化，岩性的渗透率亦随之而变，钻井液侵入也有差异。正因如此，侵入储层的钻井液与残余油气比一直在变，该变化细节被测井曲线捕捉。去除声波与电阻率显示的含钙（高电阻、低声波）薄层，图中气测全烃有两个最高值，即深度2808m与2822m处，对应着两个自然伽马相对高值，也是电阻率的相对高值，与之相对，这段地层的几个伽马低值处，全烃和电阻率值比较低。说明由于侵入的差异，在自然伽马反映的粉砂岩与含泥质砂岩处，残余油气相对富集，而细砂含量较高时，由于钻井液侵入较深，残余油气很少。这两个细节的发现，使初期判断最终被及时纠正。

该测量细节不为传统测井所关注，原因在于传统测井评价的思维多聚焦于测井数值，而常常忽视地质事件的本质细节，这是传统方法对此类低阻油气层识别束手无策的根源。

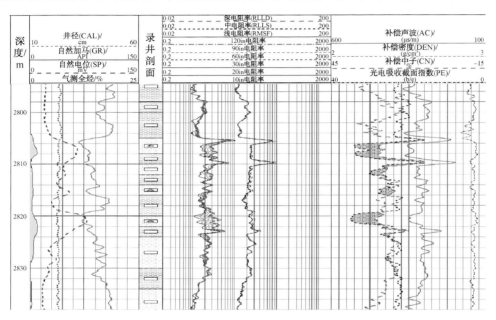

图 4-14　盐水泥浆侵入与低阻油气层测井响应（据中国石油）

（2）内因侵入因素。内因侵入与地质历史时期的油/气、水运移事件有关。其根本原因是构造运动使油/气与水产生相互"斗争"，纵向或横向相邻地层存在不同地层水类型：一为原始状态的地层水，它在油气层中以束缚水形式存在，多为能降低储层电阻率的高矿化度地层水；二为外部运移来的异源地层水，它以可动水（亦称自由水）形式存在，多为矿化度偏低的地层水。两种地层水相互干扰，前者相对低阻，后者相对高阻，迷惑着测井评价人员，使其常产生错误判断。

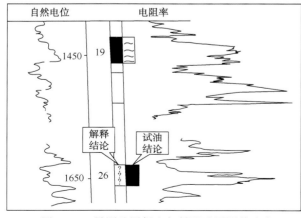

图 4-15　异源地层侵入与低阻油层测井响应

如图 4-15 所示为同一井剖面中，异源地层水作用对测井解释产生的干扰。由图可知，该井 26 号层与 19 号层相距仅 200m，由于地层水成因不同，两个层自然电位的偏转方向完全相反，忽视这一反应特征，造成判断上的失误。由于断块复式油气藏具有油水多次运移的特点，这类低阻油层多见于其中。

（3）侵入事件与其他事件的叠加因素。所有与外因有关的侵入成因低阻油气层均属于叠加成因，这里有沉积事件的差异性与钻井液侵入的叠加，也有构造裂缝事件与钻井液侵入的叠加，识别难度巨大，需要测井专业人员针对测试发现的矛盾油气层反复研究总结，不断积累识别经验。

六、事件叠加成因的低阻油气层

有些低阻油气层非单一成因，而是由多种事件叠加而成，前面已多有涉及，目前已知的类型大约有五类，包括构造–沉积、沉积–成岩、气候–沉积、构造–侵入及构造–成岩事件的叠加。由于后面三类已有介绍，在此主要介绍前两类。

（1）构造–沉积事件叠加。如图4-16所示为DG油田南部某案例，图中纵坐标为单一圈闭油藏，横坐标为含水饱和度。其中，就构造因素而言，对于单一油气藏，当岩性相同时，储层含水饱和度（S_w/%）随含油高度的降低而规律变化（实线所串的自然伽马相同，代表岩性趋同），这是构造事件的控制作用；沉积因素中，当岩性变化较大时（图中虚线串起的点偏离趋势线，为高伽马的粉细砂岩），即使是油藏中高部位的油层，因电阻率低，导致储层含水饱和度计算虚高。此类层虽测试为油层，测井评价却常为水层，这是沉积事件的控制作用。

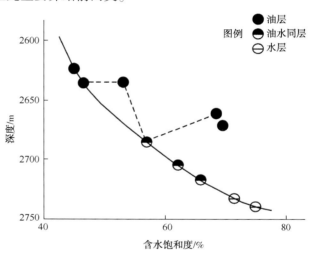

图 4-16 构造–沉积事件叠加与低阻油气层识别

（2）沉积–成岩事件叠加。前文图4-10右图中的低阻油层曾被漏掉，可见沉积成因的低阻油气层很难识别，它与成岩作用叠加就更为复杂。其中，成岩作用会导致油气层与邻近围岩或水层难以区分，形成低对比度型低阻油气层，沉积事件导致储层含油气饱和度降低，二者叠加，油气层识别难度可想而知。

如图4-17所示为沉积–成岩事件叠加型低阻气层，该层测试获日产气 $0.7×10^4 m^3$。该井位于大牛地气田东南部，测试证实，气层与干层的孔隙度界限为5%。图中由深度2810m向上到2808m，储层岩性逐步变细，与之相对，岩心分析的孔隙度、渗透率值逐步降低，密闭取心获得的含气饱和度亦逐步降低，这是沉积事件对低阻影响的实证；再向上，储层孔隙度越来越低（低于5%），成为干层，但电阻率不降反升，是典型的成岩作用的结果，测试气层电阻率低于邻近泥岩亦可印证。假如此类地层孔隙度计算精度不高，人们将很难区分低阻气层与干层，可见，沉积–成岩事件叠加对低阻油气层识别影响很大。

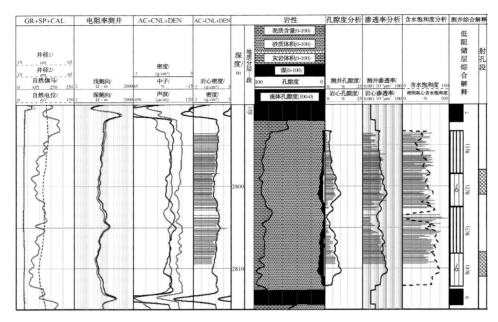

图 4-17　沉积-成岩事件叠加与低阻油气层识别

第三节　地质事件是低阻油气层研究的基石

根据上述研究，可以发现低阻油气层的本质是，因地质或工程事件导致油气层测井信号十分隐蔽，与水层或围岩难以区分。准确识别该类油气层的根本方法是，弄清地质或工程事件成因及其演化关系，尤其是地质事件的变动关系，它对低阻油气层的成因判断与准确识别尤为重要。

在研究方法上，应考虑时空条件对其识别和预测的影响。首先，低阻油气层具有宏观与微观的统一性。盆地的个性决定了不同地区低阻油气层的特点，可以说，低阻油气层的分布与每一个盆地的结构关系极为密切，掌握了这个特点，才有可能根据盆地的深层次认识发现和预测它。其次，地质事件的变动最容易产生隐蔽的低阻油气层。研究发现，渤海湾巨量的低阻油气层时不时地给人们带来意外惊喜，绝大部分与地质事件变动掩盖其本质有关，这是问题的要害，它对于未来预测和寻找低阻油气层具有非常重要的指导意义。第三，低阻油气层研究越来越难，各种事件的叠加推波助澜。单一成因的低阻油气层已很难识别，叠加成因的油气层识别更是难上加难，对事件因素"剥丝抽茧"，研究清楚每一类事件作用于测井曲线的本因，以及测井曲线对事件的具体响应，才是不被假象迷惑的关键所在。

由此可见，传统测井评价将思维方式聚焦到地球物理，只能做到对低阻油气层的被动认识，以致至今难以提供有效预测的案例。事实上，低阻油气层并非不可预测。掌握了事件与低阻油气层的关系，是准确识别和预测它的有效方法。如图 4-12 和图 4-13 所示即为根据二者关系，做到准确识别和预测的典型案例，相信有心者会做得越多、越好。

第五章　地质事件的测井识别方法

地质事件的结果影响或改变了事物的走向，重大事件尤为凸显。它对地层关系的显著改变是，地层的成因关系在此发生突变。因此，重大地质事件必引发测井曲线的对应变化。

根据事件成因推导，测井曲线记录了重大地质事件的两个特性：一是突发性。事件突发，必然引起地层的物质特征和堆积方式等改变，使测井曲线有突变记录。二是多样性。盆地广袤，其内部地质条件各异，特殊事件虽引发突变，测井曲线的响应记录仍会形式不一（如前文中图 2-15 与图 2-16），但突变前后的成因关系不会变，可见测井曲线对地质事件的记录是有序的，是突发性与多样性的对立统一。

万变不离其宗，测井曲线每一个细微变化都不是无缘无故的。其异常是研究地质事件的重要线索，它包含了事件的突变性与多样性，是发现和探究事件本质的敲门砖。

第一节　地质事件与测井曲线的因果辨别

如果把地质事件比作一段历史，那么其特征痕迹必存于地层宏观和微观的方方面面，且外迷于现象，内隐于事件始终。这些痕迹隐匿于测井曲线形态中，被以地球物理形式记录。可见，只要地质事件在地层中留下痕迹，则它与测井必存因果记录。但这因果记录极难被发现，无理论指引则难窥其境，非剥丝抽茧则难睹其貌。

利用测井曲线辨识地质事件的难点主要有三个：一是理论基础缺失，导致利用测井曲线识别地质事件的方法受到局限且不系统。二是地层组合关系复杂多样。如果不了解地质事件的本质，则研究者易陷入迷局。三是测井曲线记录的隐蔽性与事件本因的抽象性。

遵循因果思维，利用测井曲线辨别地质事件的关键也有三个：一是找到与地质事件成因机理吻合的曲线突变关系。二是识别记录地质事件的专属测井响应。三是厘清地质事件的共性本因与个性条件之间的内在关系。

任何地质事件都有其原理或学说，一般性原理主要描述事件的共性本因，加以利用，则可推测测井地质属性的宏观特征；每一具体事件又因环境、条件不同而具个性差异，穷究其理，可推理测井地质属性的特殊变化。对事件的共性研究可指认事件类别，对其个性条件的研究则有助于发现证据、追踪目标及地质预测，为油气赋存特征及含油气丰度研究提供依据（如前文中图 3-4 ~图 3-6）。

根据地质本因辨析测井曲线之果，是解析测井曲线地质本义的要点。怎样发现地质事件本因的种种宏观、微观特征呢？又怎样找到它们与测井曲线的内在本质关联呢？这是本章的点睛之处。前人正因为找不到切入点，所以解不开地质事件与测井曲线间的转换关系。

在漫长的地史演化长河中，有些事件就像戴着面具的"间谍"，混入其他事件中，扰乱人们的判断，以致带来误判，弄不清储层的真与假。揭开其面具则需要准确找到线索，笔者多年的实践表明，地质原理、各种岩心分析实验，以及测井曲线的异常及它们之间的关系研究，是测井曲线中识别地质事件的重要线索。

在此先举一例，试图为后面各小节提供分析指南。大牛地气田的山西组因处于海陆交互环境中，是重要的勘探开发节点，其中海相与陆相沉积成因的砂岩怎样区分？哪个才是更有利的产气层？长期困扰着人们。

如图 5-1 和图 5-2 所示为根据岩心观察，识别山西组海侵潮汐水道与河道事件案例。图中单凭测井曲线，难以发现这套砂岩经历了海与陆的短暂转换，更难以分清这两种砂岩气层哪个更有利于产气。以致人们对于山西组的储层认识长期处于模糊状态。

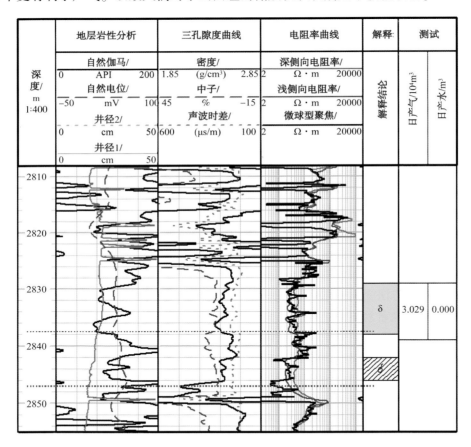

图 5-1　DT1 井山西组海侵潮汐水道与河道事件识别区分图

根据潮汐水道与河道事件的岩心差异、地质原理，以及测井曲线响应特征的细微差别比对，可以发现二者区别如下：

（1）粒度。快速海侵因卷入大量陆源物质，故岩石粒度粗、岩屑含量高（图 5-2 中左侧岩心照片）；河道反之（图 5-2 中右侧岩心照片）。

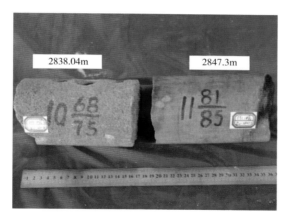

图 5-2 DT1 井山西组海侵潮汐水道与河道事件岩心比对图

（2）层理。快速海侵岩石内部未见明显层理（图 5-2 中左侧岩心照片）；河流相发育丰富的层理（图 5-2 中右侧岩心照片）。

（3）界面变化。比对两种事件岩心的连续变化关系可见，快速海侵的周期性，导致测井曲线中的砂体看似连续，但界面变化频繁，反映海水能量的间歇性；河流相界面变化少，反映地质营力相对稳定。

（4）含气响应。快速海侵岩屑含量高，导致储层的中子值高，即使是高产气层，也几乎无"挖掘效应"（图 5-1）；河流相的搬运，使岩石中岩屑含量少，气层的"挖掘效应"显著，图 4-11 所示井即使为低丰度低产气层，其挖掘效应亦明显。

上述研究中，岩心的特征如海侵与河道因地质营力差异，岩石构成会明显不同；岩心的物质构成与其矿物的地球物理实验吻合，比如岩屑矿物多具有高中子特征，当岩屑含量偏高时，气层面临两种测井响应机理的叠加，即含气因素会适度降低中子值，而岩屑矿物会增高中子值，两种测井响应叠加，岩屑因素影响偏大时，传统气层的"挖掘效应"则在此难觅。可见，岩心、地质原理与测井曲线响应变化具有宏观、微观一致性，这为利用测井曲线甄别地质事件的本质提供了系统研究思路。

将地质事件大致分为构造事件、沉积事件和其他事件，可发现，借助事件成因，有助于指认测井地质属性，反过来，根据测井地质属性的系统研究，又有助于认清每一个事件及其与油气赋存的内在关系。

第二节 构造事件的测井识别

很多构造事件是重大且具决定性的地质事件，其特征在地层宏观与微观方面均有体现。其中，宏观层面的突变可能多与该事件的共性因素有关，微观层面的突变可能多与该事件的个性因素有关。不同尺度的测井曲线均可能记录了与构造事件有关的测井地质属性，为识别构造事件的性质及其对地层演化的影响提供依据。根据现有资料研究，可大致从五个层面研究构造事件与测井曲线的响应关系。

一、地层厚度关系的变化识别

许多构造事件的一个重要特征是引起地层厚度变化，如地层的缺失或重复。对于地层的重复，根据逆断层成因机理，利用测井信息地质属性的相似性识别，找到相同地层的测井地质专属特征，可作为判断逆断层的主要依据。文莱 M 区块的构造识别即是一个典型案例。

文莱 M 区块为一中介公司推荐的项目，是笔者曾评价过的风险区块。该区块地处东南亚地区，位于欧亚、印度洋－澳大利亚、太平洋三大板块交汇处，具体位于 Baram 三角洲盆地中，三大板块的相互作用，使该区地壳受到多方面的构造应力，成为世上少有的复杂构造区。Baram 三角洲盆地演化开始于晚白垩系，南中国海洋壳向 Borneo 大陆（加里曼丹）西北陆缘之下斜向俯冲，俯冲的驱动机制导致 Borneo 逆时针旋转，到早渐新统，Borneo 逆时针旋转结束，经过早－中中新统，整个洋壳俯冲消减到增生陆壳之下（图 5-3）。南中国海陆壳边缘与 Borneo 发生陆块发生碰撞，导致大陆碰撞变形、抬升和剥蚀作用。

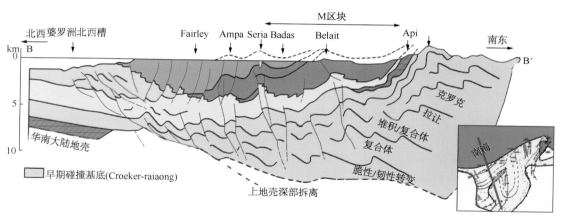

图 5-3　文莱 M 区块剖面图（据中介提供资料）

研究区地质背景非常复杂，发育逆断层。在 20 世纪初开始勘探，共钻井 19 口，其中 18 口井属于 B 油田，这说明该地区研究历史已很长。但当拿到课题时，笔者才发现资料极度稀缺。其中，地层对比所能参考的，仅为一张 BP 公司绘制的地层剖面图（图 5-4）和 18 口井的测井曲线，未见任何分层数据。因此，地层对比与地震解释只能在缺乏前人研究基础的前提下，从头开始。

在无分层数据的情况下，能否实现地层对比呢？依靠地层岩性剖面图寻找测井地质属性也许可以从中起到作用。根据唯一的剖面图所示的岩性韵律，推测和定义砂体的测井地质属性，是当时首选。

研究该地层剖面图发现，主力地层（Belait）三套砂体的个性特征各异：上部 Bong tadiu 组砂体以反旋回沉积为主，沉积水动力变化很不稳定，岩性以砂泥互层为特征，推测其测井曲线齿化较严重；中部 Medarram 组砂体基本上以连续的反旋回沉积为主，岩性以砂岩为主要特征，推测其测井曲线较之上部 Bong tadiu 组砂体更光滑，砂体的旋回特征虽相类，但区别二者的关键在于，它是齿化的薄互层，还是较光滑的连续沉积；下部 Ridan 砂体以连续的正旋回沉积为主，推测其测井曲线较为光滑(图 5-5)。

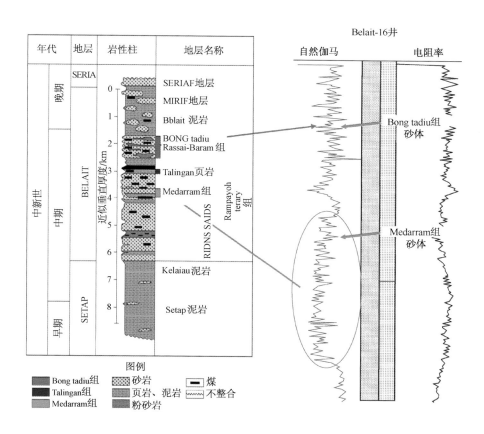

图 5-4　M 区块 Bong Tadiu 组砂体、Medarram 组砂体及 Ridan 砂体识别图

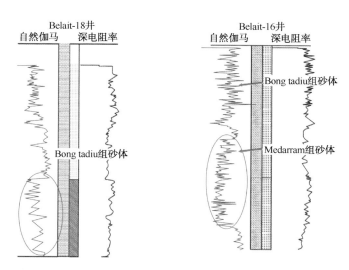

图 5-5　M 区块 Bong tadiu 组砂体和 Medarram 组砂体的测井分析图

77

根据该区块 Belait 地层三套砂体的测井地质属性研究，辨别出 Belait-16 井逆断层的地层重复现象［图 5-6(a)］，为地震标定及识别逆断层提供了依据。图 5-6(b) 为 Belait-16 井逆断层的测井识别与地震标定效果图。图 5-6(c) 为笔者偶然发现的该井构造模式图，该图的细致程度远高于本次地震标定结果，显然为数据与资料齐全的精细认识，但本次地震标定的格架与之基本吻合。这充分证明，在前人成果极度匮乏的条件下，仅凭地质事件的个性成因所推断的测井地质属性，也能较准确地识别逆断层事件。

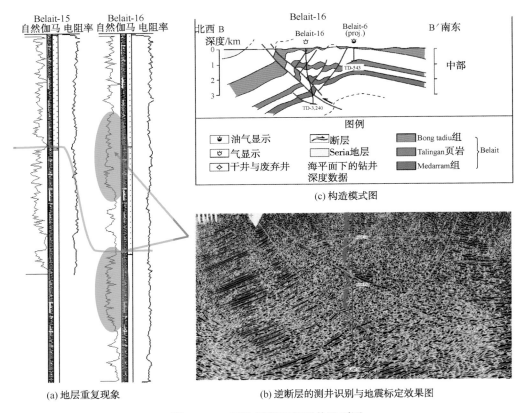

图 5-6　M 区块逆断层的测井识别图

二、地层沉积频率等因素的变化识别

构造变动前后，地层的多种性质发生改变，如沉积频率、速度及沉积水动力条件等常有重大变化，并被测井曲线记录。这种重大成因变化关系，也能在测井曲线中找到对应变化，且构成合理解释，成为识别构造事件的专属性信息。中国石化东北油气分公司 SW 油田登娄库组和泉头组之间的构造变动即是一个典型案例，该变动为断陷晚期-断坳过渡期的构造事件。

SW 油田位于松辽盆地东南隆起区 LS 坳陷 SW 断陷东北部，是一被多条近南北向断层切割的破碎背斜构造。SW 断陷是松辽盆地东南隆起区断陷期持续最长、地层发育最为齐全、沉积最厚、埋深最大、有机质演化程度最高的断陷盆地。该断陷中央构造带是受营末、登末及嫩末运动叠加改造而成的大型褶皱构造带。断陷自下至上共发育火石岭组、沙河子组、营城组及登娄库组，为深湖-半深湖及滨浅湖相沉积；泉头组为断陷晚期-断坳过渡期沉积，沉积物披覆在断陷期构造上，属浅湖-泛滥平原相沉积。

事件突变，则不同成因地层的接触关系必有巨变，且同一成因地层所具特征一定在该地层内部趋同，并与其他成因地层迥异。这些差别可根据事件的成因差异推测，并在测井曲线上表现为某种测量现象——事件突变面附近可见测井突变组合、突变面上下的测井曲线内含各自地质事件的特征痕迹，上述所有变化均与不同事件的各自本因构成合理解释。

图5-7为SW油田登娄库组和泉头组之间构造事件及地层界面的识别分析图。从图中可见清晰的测井突变组合，两套地层可找到五个明显不同的测井地质属性。

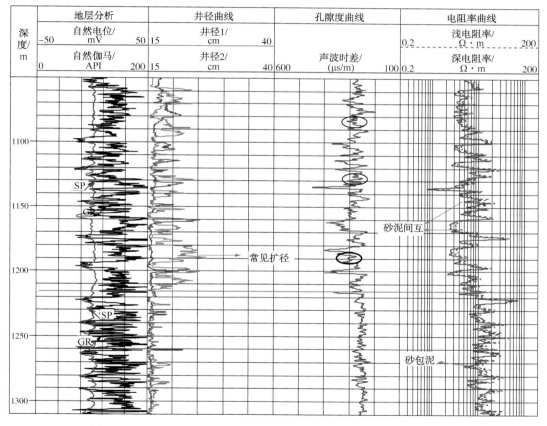

图5-7　SW油田登娄库组和泉头组间构造事件及地层界面识别分析图

一是根据构造变动可预见的地层沉积频率变化。登娄库组地层(红线之下)具高频沉积特征，其自然伽马和电阻率曲线均具砂岩包夹泥岩且快速转换的特征；泉头组地层(红线之上)的沉积频率发生突变，其砂岩、泥岩的转换频率明显放缓。

二是构造变动可预见的沉积相突变。登娄库组砂岩地层多见反旋回沉积，这与滨浅湖沉积有关；泉头组砂岩地层多见正旋回沉积，具河流相的沉积特征。

三是构造变动可预见的沉积水动力条件突变。登娄库组顶部的强水动力沉积至泉头组底部变弱，测井特征由"砂包泥"变为"砂泥间互"。

四是构造变动可预见的物质组构突变，该突变隐含为泥岩测井信息的基线突变。一方面，登娄库组的泥岩电阻率基线明显高于泉头组；另一方面，界面处声波曲线的泥岩基线错位表明沉积物质的组成发生改变。

五是构造变动引发的工程测井信息突变。井径曲线主要用于检查钻井质量，井径曲线突变有时绝非偶然，而是地质内因使然，登娄库组的顶部泥岩含砂高，钻井质量好；泉头组底部泥岩较纯（含砂很低），钻井多见明显扩径现象。

三、沉积相与沉积旋回巨变的识别

构造变动前后，沉积相与沉积旋回常有突变联动，并被测井曲线记录，成为识别构造事件突变的专属测井信息。构造事件引发的地层突变与测井曲线记录的响应突变，既是对应关系，又可用地质成因的突变机理解释或推理。因此，根据构造事件的突变成因，有助于寻找与之相关的测井地质专属信息；反之，发现了测井曲线上存在沉积相与沉积旋回的联动突变，又有助于复原构造事件。上文中，SW油田登娄库组和泉头组间构造事件及地层界面的识别已很好地证明了这一点。

四、岩石类型及岩石矿物含量巨变的识别

构造变动常引发岩石类型及岩石矿物含量突变，成为根据事件成因发现、识别测井地质属性的重要线索，并有助于找到构造事件的测井专属信息。例如，在拉张背景下，因水体突然加深造成静水沉积，该事件突变面之上多见稳定的细颗粒泥岩沉积，亦可见正旋回的浊积物与之构成地层组合，测井曲线必有其专属记录；在隆升背景下，因快速近源造成混杂堆积，该事件突变面之上常见长石、岩屑与石英等混杂于地层中，导致岩石矿物含量改变，测井曲线也必有其专属记录。

上述专属测井响应难被人察觉，究其原因，在于测井专业人员不懂地质，地质专业人员不通测井。事实上，根据构造事件成因，完全有可能推导出与其相关的测井专属响应，反之，通过发现测井专属响应，亦可反推构造事件。鄂尔多斯盆地太原组与山西组之间，以及山西组与下石盒子组之间的构造隆升事件可用来证明。

研究表明，大牛地气田在太原组与山西组界面之上发生一构造隆升事件，该事件对储层沉积改造很大。其背景如下：华北早古生代克拉通盆地于晚奥陶系整体抬升后，寒武-奥陶系碳酸盐岩遭受长达110Ma的风化剥蚀，至晚石炭系早期近准平原化（太原组时期）。此后，华北板块南北缘的构造格局使克拉通南北两侧翘升，北缘是阴山隆起，南部为秦岭-伏牛-大别-胶辽隆起，西部有杭锦旗-环县低隆起，向西隔贺兰海湾与阿拉善相望，东为大洋，呈向东敞开、东高西低的箕状盆地。

如图5-8所示为利用气田岩屑含量变化，解读该盆地上古生界构造变动规律。该气田

从海相(二叠系太原组)到海陆过渡相(二叠系山西组)再到陆相(二叠系下石盒子组),沉积环境的每一次变迁,都引起砂岩中岩屑含量的突变。其中,太原组准平原化的背景,使太原组砂岩得到比较充分的搬运、分选,从而以石英砂岩为主,岩屑含量最低,为12.2%;至山西组1段时,阴山的快速隆升,使岩屑含量突然增加到27.7%,山2段由于构造运动相对稳定,岩屑含量有所下降,主要为岩屑石英砂岩和岩屑砂岩储层;随着构造运动的进一步演化,下石盒子组的岩屑含量又有一次突变。可见,岩屑含量是隆升事件的晴雨表,利用测井曲线识别岩屑是分析它的重要手段。

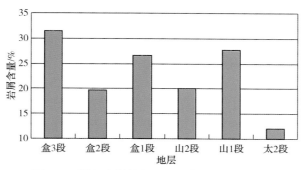

图5-8 鄂尔多斯某气田地层岩屑含量直方图

从图5-9可以看出,岩屑的大量增加,导致山西组砂岩地层中子测井值比太原组砂岩地层明显增高。这一专属于岩石类型巨变的测井响应,也成为区分两套地层的重要证据。

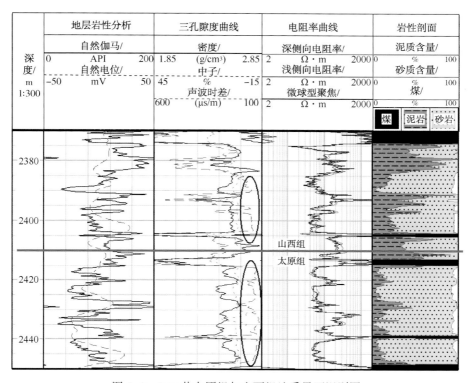

图5-9 D47井太原组与山西组地质界面识别图

五、岩石内部物质成分改变的识别

构造变动前后，岩石内部的物质成分可能随之而变，成为指认构造变动和识别地层的重要证据。因此，根据构造变动的成因机理或条件，有意识地寻找与岩石物质成分变化有关的测井地质属性，对于指认构造变动或研究构造事件的特征有重要参考价值。这一分析思路，对复杂、隐蔽储层或海外缺少相关资料的风险区块评价尤为重要。对中国石化位于澳大利亚的某风险探区未知地层的识别就是一个典型例子。

V1 井位于澳大利亚西北大陆架，钻于 Bonaparte 盆地西部 Vulcan 次盆内部的背斜高点，研究区早中侏罗系至早白垩系钻井揭示地层主要有 Plover 组、Montara 组、Lower Vulcan 组、Upper Vulcan 组、Echuca Shoals 组和 Jemieson 组等多套地层。次盆东部的高台阶部位有近 20 口钻井，均钻遇中侏罗系 Plover 组的厚层砂岩地层（图 5-10）。该砂岩也是 V1 井的钻探目标，但钻至 3400m 的设计井深时，意外发生：地层只见泥岩，不见砂岩，继续钻进 1000m，仍然全部是泥岩！砂岩去哪了？这引发了中外投资方的激烈争论，地层归属成为制定下步决策的焦点，钻机不能等人，怎样快速、准确地判断地层归属迫在眉睫，所有人员都在期盼着结论。

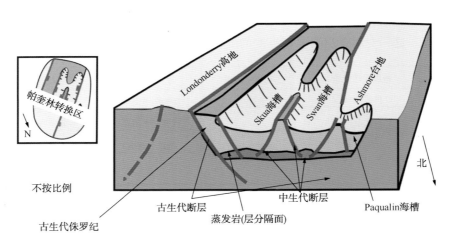

图 5-10　V1 井构造背景模式图

1. 地层对比及沉积相研究

通过地层对比识别出三套标志层：Jemieson 组底的不整合面、Lower Vulcan 组顶部超过 100m 厚的灰质泥岩，以及东部垒台区 Plover 组的顶部不整合面。上述标志层放在连井剖面和地震剖面上追踪，均表现出良好的一致性，表明地层对比的结论正确可靠。

历年的沉积相研究表明，中侏罗系 Plover 组为河道-三角洲沉积背景，为典型的浅水沉积特征；晚侏罗系 Lower Vulcan 组发育海相页岩和局部的海底扇，为深水沉积特征。

测井曲线研究表明，Plover 组与 Lower Vulcan 组地层存在不同的测井地质属性：

一是测井相不同。Plover 组为厚层"箱形"砂岩，自然伽马数值低且平稳、光滑；Lower Vulcan 组发育厚层泥岩，自然伽马数值高且平稳，在大段的厚层泥岩中，往往难见薄层砂岩。

二是物质组成有所不同。在 Plover 组的沉积地层中，测井曲线上难见含钙质薄层的发育；在 Lower Vulcan 组的沉积地层中，测井曲线则常见含钙质薄层的发育，这说明构造变动引发了物质组成的变化，并成为各自的测井地质专属信息(图 5-11)。

以上两点，是利用测井曲线区别两套地层的较为明显的证据。

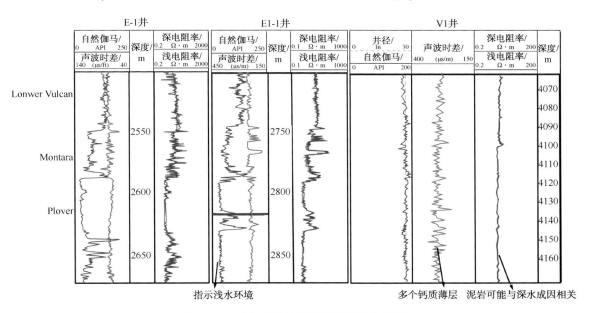

图 5-11 未知钻遇地层的测井地质分析图

2. 新钻探井 1000m 泥岩的地层归属分析

根据测井地质属性研究认为，V1 井 3400m 以下钻遇的 1000m 泥岩应归属于晚侏罗系的 Lower Vulcan 组地层。测井证据有三条：

一是地层环境证据。V1 井 1000m 泥岩的电阻率曲线低平且稳定，指示深水沉积环境，与 Lower Vulcan 组发育海相页岩相吻合。

二是物质组成证据。在 1000m 泥岩的声波时差上可见多个明显含钙质薄层，该测井属性的物质含义与 Lower Vulcan 组接近。

三是地层时代证据。在 1000m 泥岩中，见不到砂岩或薄层砂岩沉积，这也形成反证：由于东部垒台区 Plover 组为典型的浅水沉积特征，即使与本井发生很大的沉积相变，在较深水区的 Plover 组，该地层强水动力搬运而来的砂岩也理应冲过断层，或多或少地沉积于此，而此处无之，证明二者并非一个时代。

几天后，外国合作公司提供的孢粉分析进一步佐证了这段泥岩属于晚侏罗系地层，从而支持了本结论，为该区块的下一步勘探提供可靠依据。

第三节　沉积事件的测井识别

沉积事件促成了物质的堆积结果。根据沉积物质堆积条件的成因推测研究，其不同特征在测井曲线上必留下自身的独特印记，成为发现和分析测井地质属性的线索。例如，沉积演化及其能量变迁因素，在测井曲线上的主要印记是，某些曲线旋回及其节奏的变化响应；又如，沉积事件的改变，常引起岩石及其矿物成分的巨大变化，这些变化被测井曲线以隐蔽的、混合岩石骨架的方式记录；再如，相似沉积事件的成因差异，必与其各自沉积条件的特殊性有关，测井曲线对不同沉积条件的特殊性留有印记。可以说，每个事件都是独特的，只要研究深度足够，都有可能找到与其独特性相关的测井专属响应，从而构成识别该事件的测井地质属性。

另外，根据沉积事件成因反推测井地质属性，同样难以离开共性与个性的关系分析。二者的关系决定了测井曲线响应的两个方面。其中，共性因素决定事件区间内测井曲线的基本形态。例如，一般意义上的心滩沉积的基本形态为"箱形"；个性因素决定事件区间内测井曲线的特殊变化组合。例如，每一个具体的心滩沉积，因物质供给的特殊性及气候和沉积水动力的复杂性，而形成各自独特的测井曲线组合形态（如前文图2-16）。因此，研究测井信息的共性特征，有助于判别沉积事件的类别归属，而研究测井信息的个性特征，有助于还原沉积事件的成因条件，对于复杂或未知地层的沉积事件研究，后者更为重要。

根据沉积事件推演测井地质属性，其最根本的还是岩石成因机理。所有表象因素的基础，就是沉积事件本身的岩石类型成因。根据沉积事件研究测井地质属性的方向可能有很多，本节主要从以下三个方面进行探讨。

一、旋回及其节奏的变化

测井曲线内含地质事件的特征和演化密码，地质事件规定了这些密码的基本特点，因而研究清楚这些特点的成因机理，就完全有可能推测出测井曲线对其记录的专属形态。以自然伽马测井曲线为例，它记录了沉积事件内部物质和能量的变化属性，其他测井曲线也从不同角度记录了沉积事件的内在属性。下面以大牛地气田下石盒子组某心滩沉积的特征为例，分析旋回及其节奏的变化特征。

心滩沉积层理比较发育。其中，不同层理往往具有不同的测井曲线特征，根据图5-12可以看出，与平行层理对应的是自然伽马齿中线平行；与板状层理或交错层理对应的是自然伽马齿中线收敛。另外，该心滩在自然伽马曲线上多次出现砂、泥交互，结合自然伽马曲线与层理的关系分析可发现，该心滩具有物质供给时断时续和沉积能量多变的特点。测井信息记录了该沉积事件的这些专属性特征。

研究沉积事件的旋回变化具有重要意义。首先，沉积旋回的突变或反转，往往与地层层序演化有关，这种突变关系常有助于指认层序界面；其次，沉积旋回的节奏变化，又与储层岩石结构和孔渗结构密切相关，对于准确预测和评价储层性质有帮助；第三，对沉积旋回及其节奏变化的研究，也有助于判断和识别沉积事件的性质和特点。

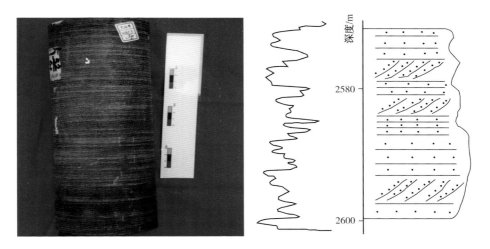

图 5-12　心滩沉积的测井识别

二、储层物质成分或岩石结构的变化

沉积事件的改变，常因构造、环境或气候等因素影响，造成储层物质成分或岩石结构变化，成为根据沉积事件成因寻找测井地质属性的线索；反之，根据测井地质属性推测的储层物质成分或岩石结构变化，也有助于识别沉积事件的变化。这些认识在不同成因的岩石中均可找到应用例证，如图 5-11 所示为利用碎屑岩储层物质成分改变，判别沉积事件变化的典型实例；图 2-16 所示为利用沉积事件变化的成因，研究碳酸盐岩储层物质成分改变的典型实例。

如图 5-13 和图 5-14 所示为利用火山岩储层物质成分改变，判别沉积事件变化的典型实例。图 5-13 中为中国石化 SN 气田某井区的两口探井，其岩性为火山岩。在解释第一口探井 X2 井时发现，该井由于物质成分单一，其测井响应特征相对单一，测井解释规律相对简单，含气层电阻率大于 $100\Omega \cdot m$ 是识别标志，采用阿尔奇公式即可准确评价储层。但是，在解释随后钻探的 X202 井时发现，这口井物质成分复杂，其测井曲线响应特征多变，储层电阻率、孔隙度与围岩的差异大[图 5-13(b)第 4 道、第 5 道]，测井解释规律相对复杂，采用前面的方法难以准确评价储层，针对该类火山岩储层应用笔者专利基于可变"m"值的阿尔奇公式才使问题得到解决(李浩，2012)。

图 5-14 中为两口井测井信息与地震、地质背景信息的比较分析，图中两井虽处于同一探区，但测井响应和测井解释方法差别大的原因在于：X2 井受次火山因素影响明显，物质相对均一(储层电阻率、孔隙度与围岩的差异较小，地震为弱反射)，测井解释相对简单；X202 井受喷、溢交叠等火山作用影响明显，物质变化大(储层电阻率、孔隙度与围岩的差异大，地震为层状反射)，测井解释相对复杂。

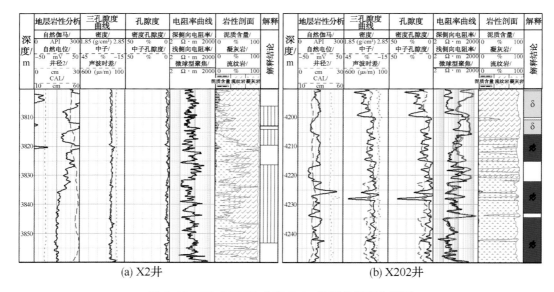

图 5-13　X2 井区 X2 井和 X202 井测井解释分析图

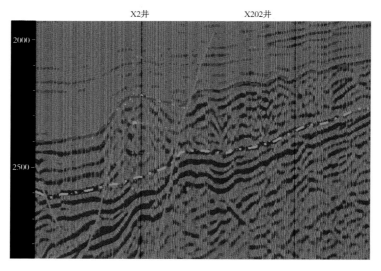

图 5-14　X2 井区地震剖面图

　　可见，地质内因深刻地影响了地震信息与测井信息的联动响应规律。深入研究三者之间的内在关系，已是现代油气地质研究的重要课题。事件与物质的隐性变化关系，在油气地质研究中有着潜在的广阔应用领域。

三、岩性及其组合关系的特征变化

　　任何事件都有其独特性，即使是相似事件也可据其独特性加以区分。研究岩性及其组合关系的特征变化，就是发现沉积事件的独有特性（排他性），并推测其测井地质属性的重要依据，并有助于准确区分相似地层，开展地层等时对比研究。对于中国石化东北油气分公司 SW 油田泉一段内幕地层的识别研究，也许可作为证据。

SW 油田泉一段在宏观上为一楔形地层，其楔形尖部可识别的地层单元（油组）较少，向其加厚端过渡，地层单元逐步增多，并不断发现新的地层单元。以往钻探表明，地层的复杂变化，是其油气分布规律研究不清的主因，2007 年之后，在楔形加厚部位的新地层中，常意外钻到油气层，怎样准确开展地层对比，怎样在相似沉积事件中识别新地层，并进一步推测含油气新地层的发育区带，成为指导油气勘探的关键因素。

在楔形加厚端，经常钻遇的农Ⅷ与农Ⅶ油组地层因沉积微相接近，地层对比研究一直受困。根据沉积事件的条件差异分析发现，在农Ⅷ油组演变至农Ⅶ油组时，地层沉积水动力有所加强，以二者的个性沉积条件为指导，可推测出二者各自的排他测井地质属性：一是农Ⅶ强水动力沉积的泥岩，见频繁砂质扰动；而农Ⅷ弱水动力沉积的泥岩比较纯，偶见薄层砂岩（图 5-15）。二是农Ⅶ强水动力沉积使砂泥混杂，声波曲线波动小；而农Ⅷ弱水动力沉积砂泥区分较明确，声波曲线波动明显。

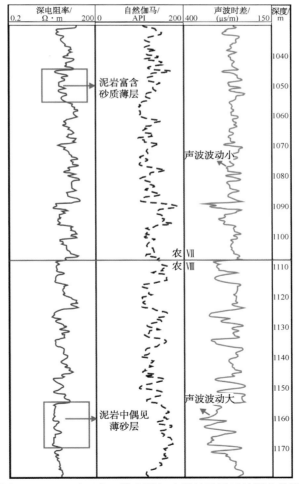

图 5-15　SW 油田泉一段农Ⅷ与农Ⅶ地质界面的测井辨识

上述研究清晰表明，只要找准地层沉积事件的个性特征，就有可能找到测井曲线上反映该个性特征的排他性记录，成为指认不同地层的依据。这种在测井曲线上可找到的个性特征，尤其以岩性及其组合关系的差别更为重要，且这种差别与沉积条件的个性特征可构成合理因果。

第四节　其他事件的测井识别

其他地质事件可能是构造或沉积的伴生事件，也可能是独立地质事件。如压力、应力事件、气候事件、成岩事件、生油（气）事件以及油气运移事件等，每个事件都有其独特性，该独特因素完全有可能在测井曲线上找到对应投射，且该投射与事件成因间存在因果解释。但这些事件因素在地质演化中较隐蔽，研究难度很大。一是地质推理尚需整理线索，二是其测井记录与其他地球物理响应相互纠缠、融合，识别难度可见一斑，不经缜密研究，则难以识别。在研究方法上，它需借助两种思路：

一是细究测井曲线的矛盾响应。司空见惯中隐含的不协调，常是突破性发现的关键，善于发现矛盾，总是意外收获之始。

前文图3-7中关于油气运移事件的分析，即始于矛盾测井响应。利用测井技术研究油气运移，首先要了解与之相关的三个基本认识：一是油气层与水层的主要测井区别是，前者一般为高电阻。后者一般为低电阻。二是从油、气、水运移的实质看，油气和水之间是互相驱赶的竞争关系。竞争的结果是，你中有我，我中有你。当储层主要含油气时，其微孔隙依然含少量难驱净的束缚水，反之亦然。三是此竞争也为测井研究埋下线索。对于非均质性储层内部，可动油气与束缚水（或自由水与残余油气）的测井信号将因非均质递变而有序变化，微微露出油、气、水的运移痕迹，为跟踪研究提供了依据。对于储层之间已发生油气运移与邻近未发生运移的储层测井信号也有区别，该区别在于地层水性质突变留下异常的测井信号。

根据上述分析推测，可以找到油、气、水运移的两种测井响应模式：

一种模式是，砂泥岩地层的非均质沉积，导致油气运移的非均质分布模式，即已发生油气运移的储层，油气被驱赶的程度常不均匀：其中的纯砂岩储层区间，油气多被驱赶得较为彻底；而含泥质较高的储层区间，则常易留下部分残存油气的测井响应，根据这些残存油气信息留下的痕迹，就可推测出已发生的油气运移事件，该模式在渤海湾盆地很常见。

另一种模式是，地层水矿化度在邻近地层自然电位的矛盾响应模式。在地质历史时期，当发生地层水破坏油气藏时，其残存油气藏的微孔喉常富含原生束缚地层水，大孔喉存储可动油气；而已驱走油气的水层则反之，其大孔喉存储的可动地层水为后期运移而来，可见，两类储层具有不同的地层水矿化度。这种油气与水的相互驱赶，在自然电位测井曲线上往往留下异常响应。在渤海湾油气区，一般早期形成的地层水具较高矿化度，晚期形成的地层水具较低矿化度，相近地层是否受到地层水破坏，在自然电位曲线和电阻率曲线上可见关联响应。

正因如此，关注到油气运移事件在测井曲线上的异常变化意义重大。地层水矿化度的变化，在自然电位和电阻率曲线上有较明显的对应性变化，仔细观察，可做到准确辨识。前文图3-7中正是因为漏掉了这个矛盾测井响应，致使一个高产油气层被漏失了。

二是借助岩心观察或实验的再认识。之所以需要重新认识岩心：①因为岩心客观记录了地质事件发生的种种印记，其信息之丰富，有时即使高水平地质学家也未必认得全。②学者们看岩心难免自带专业使命，其中测井专业人员看岩心，主要考察岩心的孔隙度、渗透率与测井曲线的关系；地质学家看岩心，也有专业倾向，有些侧重构造、有些侧重沉积、有些侧重成岩等，这些习惯与侧重，总会漏掉一些关键信息，引发认知隐患。

在具体研究中，很需要专业间的协调与配合，比如根据测井曲线的异常，深究岩心中隐含的特殊事件，或者发现了岩心中的地质事件，及时标定在测井曲线上，反推该事件在测井曲线上的成因关系等。

如图5-16所示为根据薄片研究成果，识别测井曲线对溶蚀事件的隐蔽记录。其中，薄片中红圈为石英矿物的溶蚀，该事件在测井曲线的一般刻度中难以察觉，如密度与声波曲线的常规刻度很难看出矿物溶蚀与否，然而将二者换算成孔隙度，溶蚀事件的本质立刻"原形毕露"——由于声波传播习惯于走最短距离，因此很难记录多余出来的溶蚀孔隙；而密度测井能记录地层总孔隙度，因此在溶蚀事件处，密度孔隙度常大于声波孔隙度。可见，重新刻度孔隙度曲线的变化关系，能识别或标定某些地区的溶蚀事件，为寻找溶蚀成因的甜点提供依据。

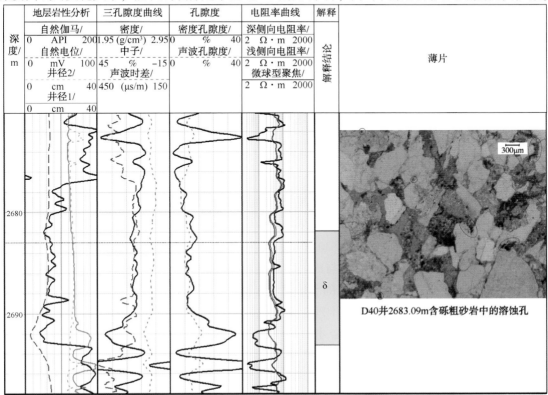

图5-16　D40井山2段2683.09m溶蚀事件识别图

第五节 地质事件识别与研究的三个层次

事件的串联就是历史。测井曲线的高精度与连续性，有助于全面、系统认知地质事件，也有助于研究相邻各事件之间的地史演化，为地质研究、预测提供坚实基础或可信证据。利用测井曲线研究地质事件也不会一次完成，对于一个地区的准确把握，至少需要经历三个层次的研究，符合实践与认识的辩证关系，为方便读者理解，本书以还原第三章大牛地气田的复查过程为例，与读者们共享怎样开展事件研究的三个层次。

第一个层次是事件的推测与初识。对于新介入的地区，怎样迅速找到测井曲线中隐含的地质事件呢？答案就在前人关于布井前的地质论证及文献中。这是站在前人的肩膀上，先预判测井曲线中已知地质事件，然后通过测井曲线的地质属性研究初识这些事件。

在大牛地气田复查之初，笔者首先从测井评价与事件的关系角度，开展了三个方面的工作。一是系统解读了前期测井评价的地质基础，了解到该评价主要依据单一岩性——石英砂岩，而事件（或多种矿物）与测井评价的关系欠考虑，多事件因素的漏失，为气田复查提供了可能；二是大量阅读前人文献，厘清了气田二叠系各地质事件的演化关系，梳理了这些事件对岩性、物性及饱和度计算的重大影响，前文中表3-2还原了前期测井评价忽视的事件，为油气复查指出了方向；三是利用地质事件的测井地质专属性原理，找到各种地质事件的识别手段。例如，海相和湖相混积岩因含有灰质，与常规砂岩相比，会出现低自然伽马和高电阻率的专属测井响应，这些测井地质专属特征在测井曲线中均得到印证，与两种混积互成因果。再比如，微裂缝与溶蚀事件，它们会引起微球型聚焦和密度等测井曲线的专属响应，这些测井地质专属响应不仅与地质原理因果吻合，更能得到薄片鉴定结果的标定和印证（如前文图3-17~图3-19）。

第二个层次是事件本质与隐含事件的复原研究。地质事件研究是一个艰难曲折的过程，稍有遗漏，不仅仅是测井评价漏掉油气层，甚至引发地质或工程的更大失误。找到事件的本质，是避免产生失误的最好方法，它需要多学科的反复交融和缜密论证。

隐藏再深，亦会留痕！看似无序的测井曲线，暗含哪些事件本质呢？识破隐藏痕迹与发现异常是关键。怎样发现这些隐晦信号呢？两种思路或可一试。

一是惯性思维递推法。用结果与传统思维推演之间的矛盾，追踪事件的本质。如图3-10所示的传统思维认为，自然伽马小于30API与储层石英含量高有关，依次推理，与之对应的高电阻率（电阻率大于200Ω·m）应与成岩作用造成储层致密有关，选用石英砂岩骨架计算的储层孔隙度小于5%，符合研究区的干层解释标准，前后推理均合逻辑，然而，该段测试日产气$1.4395\times10^4m^3$，显然与上述推理矛盾，成为异常，表明传统认知出现了偏差；对以上矛盾重新研究，发现海相混积砂岩才是事件的真相，其本质是，储层具有混合骨架，而非单一，传统思维因仅用石英砂岩骨架计算的孔隙度低，波及饱和度计算精度，导致气层漏失。在新认识的指导下，统计得到该段混积砂岩的岩石骨架，计算的孔隙度与饱和度表明，该段为一明显气层，该事实证明，混积砂岩事件是本区常见事件，这一矛盾因素的发现，为全面、系统地 复查该区混积砂岩气层提供了准确依据，也为寻找新型气层拓展了空间。

二是实验反证法。对于已知或推断中的地质事件，先求诸实验证据，再标定测井曲线与事件的关联响应，后探究事件本质在现代油气发现中的特殊意义。如图3-17～图3-19所示，在以往测井评价中，对微裂缝显然认知不足，在解读鄂尔多斯盆地构造–沉积演化中发现，该盆地自西向东应力逐步减弱，在盆地西部井中多见显著裂缝，由此推断，大牛地气田探井的岩心中既然能偶见裂缝，那么储层中也许发育微裂缝。上述推断被大量岩心薄片证实，标定到测井曲线上发现，微裂缝的类型不一样，会引发微球型聚焦电阻率与密度等测井曲线的关联响应，从而为利用测井曲线识别微裂缝事件提供依据。细究微裂缝的本质又发现，它在油气复查中的两个重要意义：一是测试证实，微裂缝储层均有或多或少的产能，这与微裂缝改善局部渗流能力有关；二是某些微裂缝引发钻井液侵入储层时，钻井液会驱赶近井地带的天然气，致使传统气层判别所依赖的"挖掘效应"消失，易漏失气层，这是传统测井技术的认知"死穴"，属于新发现，为"无挖掘效应"的气层挖潜指明了方向。可见，研究事件的本质，对于油气新发现具有不可估量的作用。

另外，事件本质的表现形式绝非单一，它也有诸多的蛛丝马迹待人挖掘。例如，叠加事件必然与单一事件有格格不入的矛盾，特殊事件一定有宏观与微观的种种因果暗合等。可以说，掌握了矛盾定律，就拥有了由表及里看穿本质的慧眼。

第三个层次是从事件的本质认识走向实用。本质认识说清了事件的细节与来龙去脉，怎样将其用于发现新油气层呢？显然，地质人员和测井分析人员的专业视角不同，自然收获别样。在此，仍以测井视角加以剖析，对于地质人员的收获，需要他们用自己的视角去尝试解决。

以混积砂岩的测井解释为例，传统解释问题连连，却一直不明就里。其中，储层孔隙度、饱和度较之岩心实验、测试结果忽高忽低，数年来往复循环，不得其法；以事件观点论之，真相大白：事件的本质是多矿物混积，其中海相混积岩以石英和碳酸盐岩为主，湖相混积岩以石英、碳酸盐岩和岩屑为主，河流相混积岩以石英与岩屑为主，面对形形色色的混积事件，仅用石英骨架计算孔隙度、饱和度之所以不准，根本原因在于忽视了其他矿物！那怎样获得高精度的孔隙度、饱和度计算数值呢？恢复事件本质，将其他矿物复原到岩石骨架是关键！办法就是获得与事件本质相匹配的混合岩石骨架。笔者团队经反复实验，最终用统计方法获得每类事件的混合岩石骨架，代入计算公式中，孔隙度计算结果与岩心实验全面吻合，困扰该气田多年的难题终于得到系统解决。事实表明，孔隙度计算准了，饱和度计算精度会随之改善。图3-10与图3-11就诠释了如何从事件的本质认识走向实用。

地球物理基础之于测井评价，可谓成也萧何、败也萧何。它成就了20世纪测井评价技术的辉煌，也限制了今天测井分析人员的思维，以致迟迟找不到当前大量瓶颈问题的突破口。一湾死水全无浪，也有春风摆动时。以地质事件作为测井认知的新视角，也许就是乍起之风，吹皱那一池春水。

第六章　地质事件与测井评价认识论

传统测井技术关注地球物理与油气的信号转换，却极少注意地质事件对流体识别的影响，即使在实践中遇到种种令人费解的现象，人们仍不愿走出传统思维定势。为什么会出现这样的结果呢？显然，这是立场问题，众所周知，立场影响思考问题的走向。例如，中西医治病，观念、立场不一样，二者的治疗手段、疗效及口碑各有千秋。可见，在认识论的指导下，人们解决同样问题的方法、效果及速度也不一样。

地质事件植入测井曲线似乎如泥牛入海，"看不见也摸不着"。但它犹如人类的基因，就算"看不到"，但个性与遗传因素鲜明，人们有时即使说不出，却能感知其在。

测井专业以地球物理方法为认识论，发展到今天已质疑者众多，固守传统者在评价复杂致密储层时，面对诸多纷乱假象，底气也远不如前。事至如今，唯有变革才有出路，测井专业能否另辟蹊径呢？以地质事件为认知中心又会发现什么呢？这事关测井及其相关专业的未来，值得探索。

第一节　构造事件对测井评价的决定因素

以笔者之见，构造事件因其力量巨大，决定了盆地内岩石与油气的命运。这些宿命结果的总和，就是测井曲线的"基因特性"。

一、盆地的构造事件决定了测井曲线的响应本质

以不同盆地的岩石与裂缝发育为例，我国东西部盆地构造事件差异巨大。

东部盆地属于张扭类盆地。因太平洋板块俯冲欧亚板块，主要经历拉张走滑事件，形成大型内陆断陷湖泊，其岩石类型中，除了在"箕状断陷"缓坡带形成少量薄层碳酸盐岩外，绝大部分为石英砂岩，这与岩屑与长石在长距离搬运中被大量消耗有关，这显然是盆地结构的决定性作用，其测井评价主要以石英矿物为核心内容。另外，此类构造事件几乎见不到裂缝型储层。

西部盆地成因于陆-陆碰撞，它由早期的半裂谷式构造应力场或压扭性构造应力场转化为后期挤压坳陷应力场形成的沉积盆地（彭作林，1995）。此类盆地岩石类型丰富，其鲜明特点是，陆-陆碰撞引发了与前者的两大不同：一是形成隆升事件，使储层具有近源堆积特点，岩石搬运距离变短，岩屑与长石含量大增，这显然也是盆地结构的决定性作用，其测井评价须考虑多种矿物因素，与前者的最大不同是，主要以"变岩石骨架"评价孔隙度，以"变阿尔奇参数"评价饱和度；二是此类构造事件引发大量裂缝型储层的形成。

我国中部的四川盆地和鄂尔多斯盆地属于继承性和间歇性坳陷盆地。尽管此类盆地沉积厚度不大，但海陆相齐全，古生代以海相为主，中生代以陆相为主。其中，古生代末期形成隆升事件，在此之后的测井评价主要以"变岩石骨架"评价孔隙度，以"变阿尔奇参数"评价饱和度。此类裂缝的发育又与前者不同，盆地周边的应力事件对盆地内裂缝发育规律影响很大。例如，鄂尔多斯盆地自中生代开始，受自西向东的挤压作用，其应力事件也自西向东逐步减弱，应力作用使储层发育了多种形式的裂缝，其中，西部的裂缝开度与密度都比较大，向东逐步减弱。

　　可见，盆地的成因差异决定了其内部岩石的种种性质，这些性质是影响测井评价的根本。另外，每个盆地的地质个性也决定了流体的分布。这些内容已在本书第一章的图 1-13 和图 1-14 中有详细描述，它之所以非常重要，就在于它是地质规律的一种决定力量。不仅仅需要测井专业人员留意，更应是地质学家们需要用心总结的内容。

二、构造事件是盆地内区块甜点与测井曲线响应特征的成因基础

　　在前文图 1-9~图 1-12 中，完整的描述足以印证本论断，在此另举 XC 气田的案例加以证明。

　　图 6-1 为 XC 气田须家河二段顶面构造图。该气田处于四川盆地川西坳陷中段的大型隆起带西段，该隆起带位于龙门山逆冲推覆带与川中隆起区之间，受构造应力的强挤压作用，形成了众多断裂。该构造总体上为东西向展布的宽缓复式背斜，背斜西高东低，北缓南陡，受断层及小幅度鞍部分隔，形成 5 个局部高点。

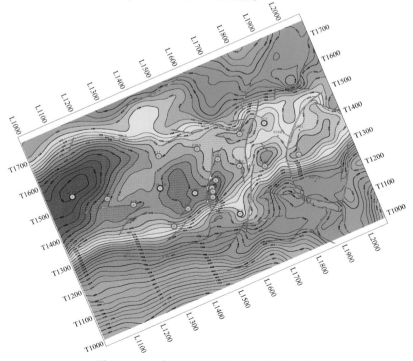

图 6-1　XC 气田须家河组二段顶面构造图

本区须二段埋深 4500~5300m、厚 560~660m，为三角洲相的砂岩、泥岩交互沉积。储层物性普遍较差，平均孔隙度为 3.38%，平均渗透率为 $0.07×10^{-3}\,\mu m^2$（基质）。储层属于低孔—特低孔、致密—极致密储层，非均质性强。

流体识别面临三大难题：一是储层很致密、成岩信号太大，导致测井曲线的含气响应非常微弱，难以识别；二是因应力事件复杂，储层中裂缝类型复杂，高、低角度裂缝均造成储层电阻率与孔隙度异常形变，使现今孔隙度与饱和度计算精度不高；三是有效储层识别难度大。测试层中既有 CX562 井的高孔隙干层（如图 6-2 所示，测试段 3569.86~3691.86m，部分孔隙度高达 10%），也有 CX560 井的致密气层（如图 6-3 所示，测试段 3862~3882m，储层平均孔隙度小于 3%，测试日产气 $1.66×10^4\,m^3$，日产水 $0.21m^3$）。正因为有效储层评价难与流体识别困难，多数井在测试时，无奈选择了多套储层的长井段射孔、压裂。

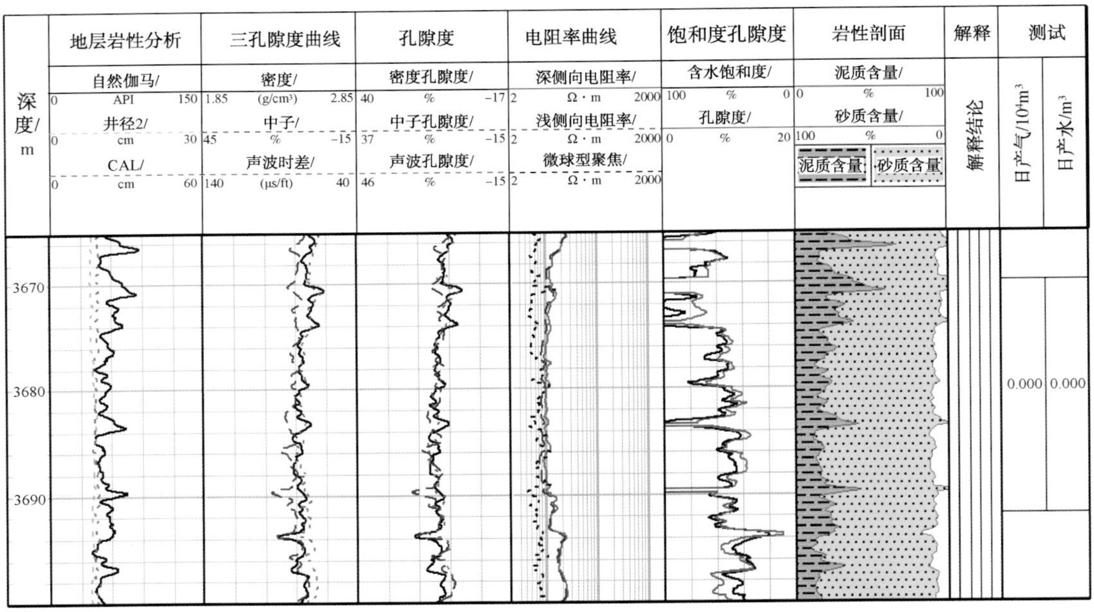

深度/m	地层岩性分析			三孔隙度曲线			孔隙度		电阻率曲线		饱和度孔隙度		岩性剖面	解释	测试
	自然伽马/API 0 — 150			密度/(g/cm³) 1.85 — 2.85			密度孔隙度/% 40 — -17		深侧向电阻率/(Ω·m) 2 — 2000		含水饱和度/% 100 — 0		泥质含量/% 0 — 100	解释结论	日产气/10⁴m³
	井径2/cm 0 — 30			中子/% 45 — -15			中子孔隙度/% 37 — -15		浅侧向电阻率/(Ω·m) 2 — 2000		孔隙度/% 0 — 20		砂质含量/% 100 — 0		日产水/m³
	CAL/cm 0 — 60			声波时差/(μs/ft) 140 — 40			声波孔隙度/% 46 — -15		微球型聚焦/(Ω·m) 2 — 2000				泥质含量 砂质含量		

图 6-2　CX562 井储层测井解释为高孔隙度，测试为干层

既然传统测井技术暂时难以判别储层有效性，那么有无直接识别有效储层的方法呢？基于测井曲线的地应力研究值得期待和探索。研究表明，油气往往沿着应力低势区运移，纯泥岩电阻率对地应力的响应最为灵敏，因此可以利用纯泥岩测井值的异常与趋势线的关系，判别储层有效性。

在正常压实条件下，泥岩的电阻率随深度呈指数变化，反映在单对数坐标图上是一条直线，这就是通常的正常趋势线（图 6-4）。当岩石额外地受到强挤压应力作用时，促使电阻率偏离正常趋势线，电阻率往高阻方向偏移，且偏移正常趋势线幅度越大，应力作用越强烈，反之，地层处于弱应力区。从图中可以看出，在研究区内，通过纯泥岩段的电阻率的相对大小，可以定性分析出应力作用的相对强弱区。绘制该图版的核心技术在于怎样读取纯泥岩的电阻率值。

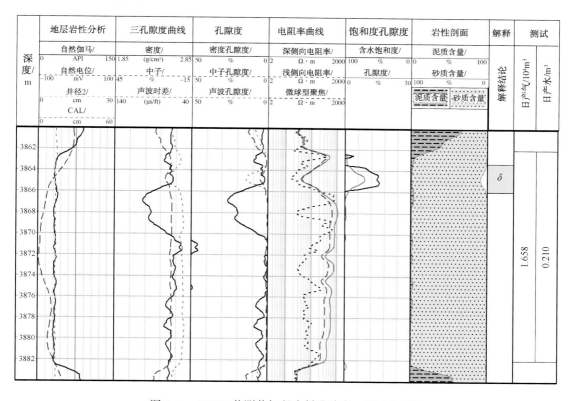

图 6-3 CX560 井测井解释为低孔隙度，测试为气层

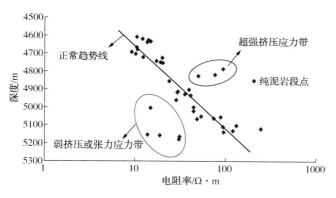

图 6-4 CX565 井须二段地应力响应图

该图版识别有效储层方法简易，是否效果直接呢？显然，他山之石，可以攻玉。图6-5中的弱应力区均获得高产，可见，利用纯泥岩测井曲线识别的弱应力，有助于判别有效储层，但难以区分流体性质，这为准确解释射孔、压裂层位提供了依据；图 6-6 中的黄色条带中，强应力测试的储层均为干层；该图左下角的 CX565 井最有意义，该井测试段刚好落

在地应力趋势线附近，测试产量不足 2000m³，为低产气层。证明了地应力趋势线是判别储层产能的分水岭，是识别有效储层的重要依据。

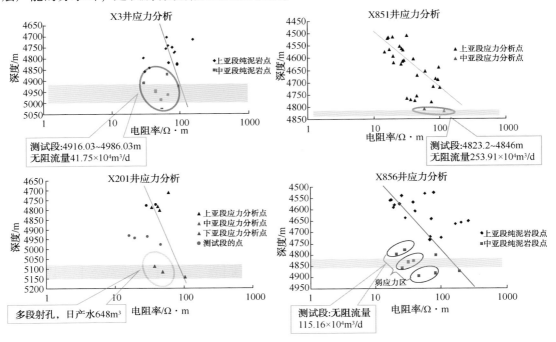

图 6-5　地应力识别有效储层图版

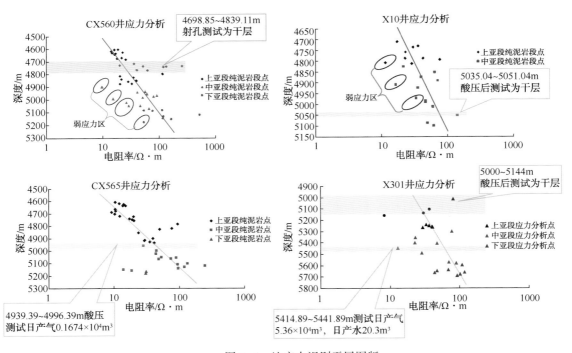

图 6-6　地应力识别干层图版

三、事件的个性决定了与之对应的测井曲线特征

本书所列举的个案无不证明，事件的个性特征在测井曲线上留有鲜明特点。为进一步加深读者印象。再一次以岩心中记录的地质事件，标定其在测井曲线中隐含的个性特征，因为岩心与测井曲线中记录的事件个性成因一致，可构成相互推理、相互印证。

在观察中国石化大牛地气田太原组岩心时发现，该气田太原组相态多变，但是对相似相态的测井曲线区别研究不多。如图 6-7 和图 6-8 所示为潮汐水道与障壁沙坝事件的区别研究。图 6-7 中的两块岩心深度分别对应图 6-8 中红色条带。岩心标定表明，这两个相似曲线形态的事件区别如下：

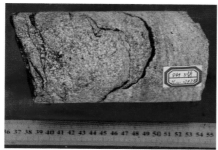

图 6-7　潮汐水道与障壁沙坝事件的岩心对比图

图 6-8　潮汐水道与障壁沙坝事件的曲线对比图

（1）旋回差异。潮汐水道多为正旋回；而障壁沙坝的旋回特征不明显或为反旋回。

（2）水动力差异。潮汐水道有固定水道，主要为河道冲刷作用，砂岩中炭屑含量极少；

障壁沙坝主要为波浪作用，砂岩中多见炭屑。

（3）砂岩结构差异。潮汐水道砂岩多为块状，层理角度变化稳定；障壁沙坝见多种层理，且层理角度多变。

第二节　流体竞争与孔道的分配归属

油气之赋存，在于它们与水经历过"你死我活"的斗争，胜者占据了储层中的优势孔道，败者只能屈居劣势孔道，构成流体之间的天然选择。研究清楚这种选择关系有两大好处：一是有助于我们预测其赋存位置；二是有助于研究其赋存的岩石类型。前文图3-5～前文图3-7已对上述竞争关系有了详细解读，其他例证也有很多。

油气与水的竞争，常见两种测井结果。一是竞争的残余信息被测录井记录。尤其是二者相互驱替时，在非均质储层中更易留下一些残留信息。这是因为，砂泥岩地层的非均质沉积，往往引起油气运移的非均质分布，即已发生油气运移的储层，油气被驱赶的程度常不均匀：其中的纯砂岩储层区间，油气多被驱赶得较为彻底，而含泥质较高的储层区间，则常易留下部分残存油气的测井响应。二是孔道分配。被赶走的流体只能被压缩在劣势孔道中。

如图6-9所示为澳大利亚某区油气运移与测井信息响应关系分析图。分析发现，该图最左侧记录了钻井过程中钻遇大量油气显示，其分析化验结果证实，该钻遇地层为水层。与之相对应，图中3507～3510m自然伽马显示的纯岩性段电阻率最低，该段向上、下过渡，储层岩性的泥质含量逐渐变高，电阻率也相应增高，该段总体上岩性较纯，则油气显示偏弱；泥质含量较高，则油气显示偏好。这些测井响应与地层中油气运移的非均质性有关。

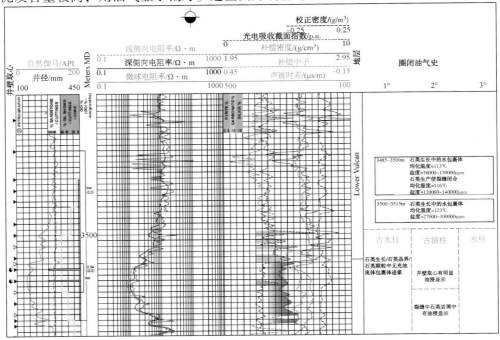

图6-9　油气运移与测井信息相应关系分析图（据海外收集资料）

当地层埋藏较浅，压实因素对测井响应影响较小时，残余油气信息的测井特征最为明显，该现象在渤海湾油气区勘探中多处可见。

如图 6-10 所示为 DS 气区气、水相争与孔道分布关系图。该图之所以很有研究意义，在于图版本身的反常：测井解释理论认为，储层含气丰度越高，则其密度测井值越低，但实际试气结果反之。图 6-8 中的水层密度测值最低，气水同层密度测值次之，气层密度测值最高。该图表现出的地质本质为：水层占据了大孔隙空间，气层被排挤至小孔隙中。该本质的发现，对于研究该区气、水分布及井位部署意义重大。

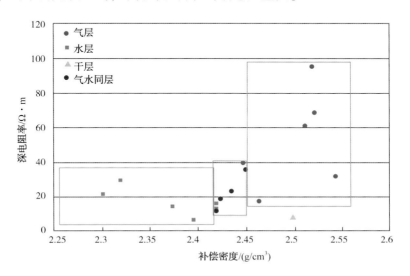

图 6-10　气、水相争与孔道分布关系图

第三节　油气与岩性之间的选择关系

一、岩性是流体的归宿

在研究中，常可见流体与岩石类型的几种现象：一是油气往往只汇聚于有限的岩石类型中，在其他岩石类型中则鲜见；二是不同地区流体与岩石类型的关系各异，有些地区油气多见于粒度较粗的岩石类型中，有些多见于粒度较细的岩石类型中，有些则介于二者之间，见表 6-1 和表 6-2；三是油气与水对孔道空间似乎有选择性，在图 3-5～图 3-7 以及图 6-10 中均可见这种选择性特征。

为什么流体与岩石类型会有上述神秘关系呢？岩石类型之所以能为油气提供固有归宿，是因为相同类型岩石往往拥有最相似的渗流能力，所以岩石类型不同，它为流体提供的孔道类型（渗流能力）就不同，这里有着很深刻的道理却不易被人们发觉！

表 6-1　杭锦旗地区岩性与含气关系表

层位	岩性	孔隙度/%	渗透率/10^{-3}μm^2	测试经济产能统计
盒 3 段	含砾粗砂岩	$\frac{6.9-19}{13.6}$	$\frac{0.3-11}{3.6}$	有
	粗砂岩	$\frac{6.6-24}{16.7}$	$\frac{0.2-13}{5.8}$	有
	中砂岩	$\frac{8-11}{9.8}$	$\frac{0.3-0.9}{0.5}$	无
	细砂岩	$\frac{6.3-10.8}{8}$	$\frac{0.2-0.4}{0.3}$	无
盒 1 段	含砾粗砂岩	$\frac{3-16}{16}$	$\frac{0.1-3.8}{1.0}$	有
	粗砂岩	$\frac{4.2-16.9}{12}$	$\frac{0.1-5.2}{1.2}$	有
	中砂岩	$\frac{0.5-12}{5.7}$	$\frac{0.07-4.8}{0.5}$	无
	细砂岩	$\frac{1-9.5}{5}$	$\frac{0.1-1.6}{0.4}$	无

表 6-2　金马-鸭子河地区岩性与含气关系表

岩　性	测井曲线					测试经济产能统计
	自然伽马/API	声波时差/(μs/ft)	密度/(g/cm^3)	中子/%	电阻率/Ω·m	
藻黏结白云岩	35~95	45~60	<2.8	6~14	<2000	有
粉晶白云岩	35~70	45~55	<2.75	6~12	2000~7000	有
泥-微晶白云岩	35~95	45~49	<2.8	6~12	<3000	无
含灰-灰质白云岩	35~70	45~49	<2.75	2~10	400~7000	无
白云质灰岩	20~35	45~50	<2.8	<6	>7000	无
灰岩	<60	45~50	<2.8	<6	>7000	无
藻灰岩	35~70	47~49	<2.75	<4	>7000	无
膏质白云岩	<50	45~50	>2.8	<6	>7000	无
石膏	<50	45~50	>2.8	<4	>7000	无

二、岩性与流体的归宿亦随地质条件而变

四川盆地彭州-新场三叠纪雷口坡组气藏可为一证。该气藏分布于川西龙门山前金马-鸭子河-安县至新场隆起带(图 6-11),纵向上气层储集于雷口坡组雷四段的上亚段,沉积环境为潮坪相。

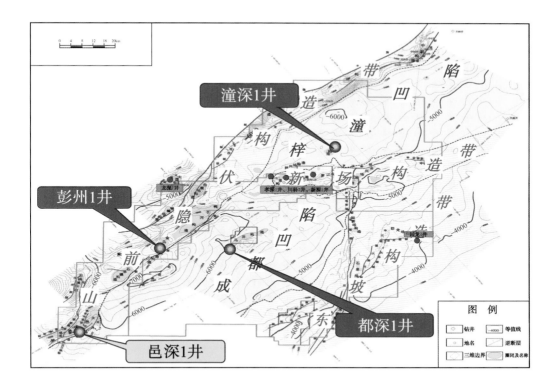

图 6-11 川西地区马鞍塘组二段底界深度构造图

研究区岩石类型复杂,笔者自 2015 年开始研究其中的金马-鸭子河地区,根据早期 3 口井岩心及薄片分析标定测井曲线,可识别出 9 种岩石类型,分别为藻黏结白云岩、粉晶白云岩、泥-微晶白云岩、含灰-灰质白云岩、白云质灰岩、灰岩、藻灰岩、膏质白云岩和石膏(表 6-2)。测试气层的岩性主要为粉晶白云岩和藻黏结白云岩。前者产气量高达121× $10^4 m^3/d$,后者测试产量仅约为其 1/3,属于边际产层,正因如此,开发方案编制异常艰难,至今无果。

图 6-12 为金马-鸭子河地区不同岩性的孔-渗关系图。其左图中紫色圆点为藻黏白云岩,粉色圆点为粉晶白云岩,其中部分地层渗透率随孔隙度增大而增大,与白云岩溶蚀有关,部分地层孔隙度低却渗透率高,与裂缝因素有关;中图为泥-微晶白云岩和含灰-灰质白云岩,反映了泥质与灰质增加,岩石类型的物性变差;右图为白云质灰岩、灰岩、藻灰岩、膏质白云岩和石膏,反映灰质与膏质增加时,岩石物性变得更差。由于岩性与物性关系密切,不同岩性的孔隙度、渗透率关系证实,它们各自具有不同的渗流能力,并最终影响流体与岩性的选择关系。

前文提到,细分地质单元是破解复杂地质问题的钥匙(表 3-2),本区通过细分岩石判别单元,看似发现了白云岩与储层含气关系最为密切。然而,令人困惑的问题是,为什么代表无机的粉晶白云岩测试高产气,而代表有机的藻黏结白云岩却测试不尽人意?

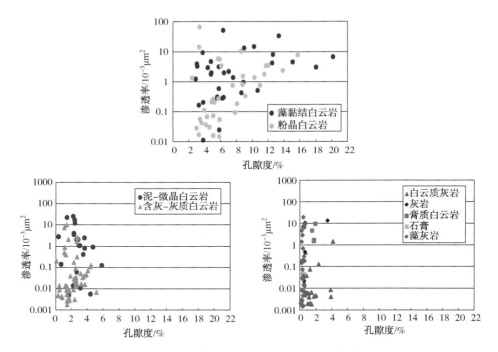

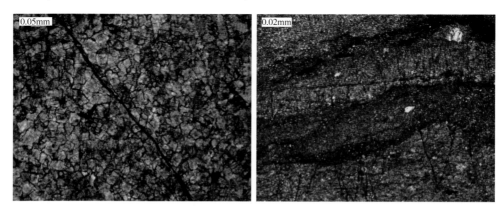

图 6-12 金马-鸭子河地区不同岩性的孔-渗关系图

从图 6-12 左图看，藻黏结白云岩看似孔隙度、渗透率更佳，各家测井解释的藻黏结白云岩一类层厚度也大于粉晶白云岩，但测试产量却与图版、解释相矛盾。这背后又隐藏着什么地质内幕？显然，对岩性单元认知粗放是问题的本质。

如图 6-13 所示为两种白云岩的镜下观察，因此揭开了无机与有机白云岩测试产量差别巨大的原因。左图直观反映出粉晶白云岩与微裂缝的关系，由于无机白云岩的刚性特征，微裂缝将其完全贯通；右图直观反映出藻黏结白云岩与微裂缝的关系，由于白云岩中有机质颇具塑性，微裂缝不能贯通藻黏结白云岩。

图 6-13 岩石类型与裂缝成因关系图

岩石类型与微裂缝关系的细分，凸显出问题的本质：该区白云岩的类型决定了裂缝与产能的关系！可见，岩性与裂缝、流体等均渊源深厚。地层总是为人们留下待揭秘线索，只是其中的密码还远未为人所知，也极难被察觉。

研究区另一惑人之处是低阻气层的突然出现！因金马-鸭子河地区雷口坡组迟迟打不开局面，中国石化西南油气分公司及时调整方向，将目标锁定在新场地区雷口坡组（图6-11），2016年底论证并测试了曾不被看好的XS1井，该井雷口坡组之所以看衰，有两个原因：一是 $5543 \sim 5546.7m$ 岩心孔隙度达 $3\% \sim 15\%$ ，电阻率却远低于地区标准的 $100\Omega \cdot m$ ，仅介于 $19 \sim 30\Omega \cdot m$ ，早期曾被解释为含水层；二是金马-鸭子河地区雷口坡组已测试的3口井表明，该区白云岩产气的最低电阻率亦超过 $100\Omega \cdot m$ ，储层条件不乐观，测试结果却出人意料。2016年12月26日的测试报表显示：天然气日产量 $20.34 \times 10^4 m^3$ ；期间返液 $3.6m^3$ ，折算日返液量 $10.8m^3$ （图6-14）。

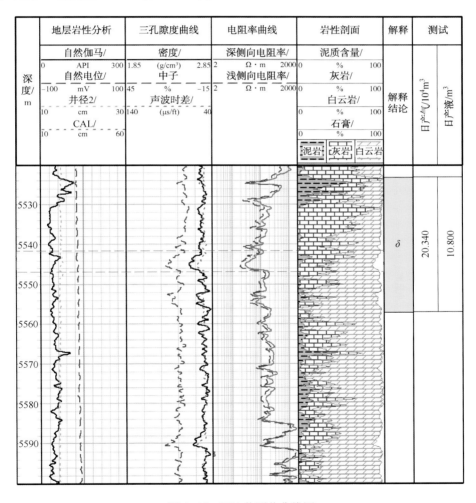

图6-14　XS1井测井曲线图

为什么看似同样的白云岩，金马-鸭子河地区和新场地区的气层电阻率会反差巨大呢？

解开该现象的谜团仍在于识别地质条件变迁及地质分类的本质！

气层电阻率差别巨大的本质仍然是岩性，图 6-15 和图 6-16 揭开了低阻气层的真相。从宏观背景分析（图 6-11），新场与金马-鸭子河隆起带均为潮坪环境，只是前者更靠岸，陆源物质中的砂屑更容易混入岩石中，形成混积岩类。笔者介入其中，始终坚持把岩石类型的更细分类作为解题线索，经详细调查终于发现，砂屑与灰岩、白云岩的混积是储层低阻的主因。

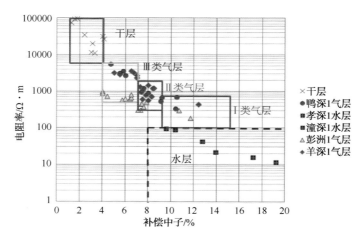

图 6-15　金马-鸭子河地区流体识别图版

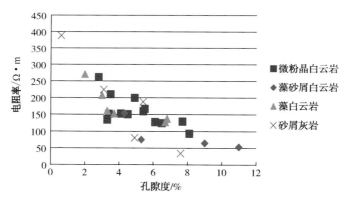

图 6-16　新场地区岩性与电阻率关系图

本区的两个引人困惑的问题也揭示了一个道理，即地质条件的改变，总是深刻影响岩性与流体的归宿。其中，白云岩的有机与无机，对储层是否具备经济产能影响巨大；潮坪环境的位置更是决定了岩性与流体赋存关系的巨变，其中，靠海一边的潮坪区只有白云岩储集了工业价值的天然气，灰岩多为干层，靠岸一边的潮坪区因混积了砂屑，导致储集天然气的岩性发生了根本变化，砂屑灰岩成了潜在的高产气层，可见，地质条件改变了，岩性与流体的归宿也变了，真是"造化弄气"。

地质事件与测井评价认识的论证表明，测井曲线的众多幻象均来源于事件，它们均有一定的规律和线索可循。归结起来可形成五句话：决定测井曲线响应的终极力量是构造大事件；每个盆地的地质个性是决定流体分布的主因；流体的相互驱赶中，优势流体占据优势孔道；每个地方的油气与岩性之间均有其必然归属；测井曲线记录了这些"地质基因特性"。

人们因看不到测井曲线的本质而困惑和失望，究其原因，是看不到已融入测井曲线的地质事件。大自然鬼斧神工般的千变万化表明：一切的油气运聚皆合"道法自然"之理。

第七章 地质事件与测井评价案例

人们的立场无论对与错，都由观念支撑，固有而难变，此人性使然，测井认识亦难免。传统测井技术立足于地球物理思维，并贯穿测井评价始终，有时即使该思维已失误连连、头绪全无，仍宁可屏蔽矛盾，不思改变。地质事件就隐藏于测井曲线中，人们却难窥其径。

地质思维会带来哪些测井评价改变呢？笔者已在《测井曲线地质含义解析》一书中提出识别地质事件的方法。本章将以四川盆地元坝陆相区块研究为例，深入讨论地质事件的测井研究价值，旨在帮助读者发现地质事件与测井评价的深层关系。

第一节 元坝陆相测井评价的问题与对策

一、元坝陆相地区地质背景简介

构造上，元坝地区位于四川盆地东北部，通过构造及断裂解释结果分析，该地区可划分为 4 个区带，即九龙山南鼻状构造、南部缓坡带、向斜带和中部断褶带（图 7-1）。2012年 2 月，中国石化南方勘探分公司在该区钻探 YL7 井，在其上三叠统须家河组三段（以下简称"须三段"，T_3x^3）测试获得高产工业气流，从而揭开了元坝陆相气藏研究的序幕，须家河组三段和二段地层是研究重点。

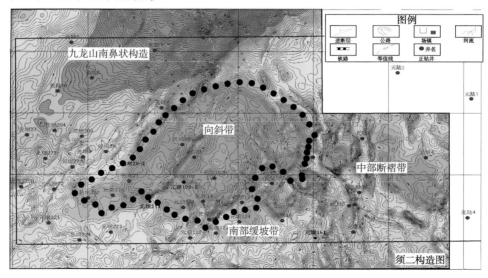

图 7-1 元坝三维工区须二下亚段顶构造图（据中国石化西南油气分公司）

　　研究区须家河组二段(以下简称"须二段"，T_3x^2)沉积环境为三角洲前缘—前三角洲沉积，储层以长石岩屑砂岩为主，次为岩屑石英砂岩；须三段沉积环境为辫状河三角洲—湖泊相过渡沉积体系，储层主要为岩屑砂岩，其中须三段 1~3 砂组岩石颗粒粗，多见钙屑砂岩(即砂岩中的岩屑成分主要为碳酸盐岩，且该岩屑含量大于 50%)。

　　研究区的重大事件对岩性和储层影响巨大。根据区域应力场特征，元坝构造地处龙门山前、米仓山前和大巴山前推覆褶皱带交合处，具有三重构造应力挤压背景。裂缝演化分析认为，受膏盐岩"上拱"影响，工区西部构造变形处砂岩常见高角度构造纵张缝；受龙门山南东向应力挤压，砂岩间的薄层泥岩发生层间错动，形成近水平层间滑脱缝(马如辉，2012)。这种裂缝在须二段和须三段测井曲线中识别最多，可见，挤压推覆成因的低角度裂缝与测试产能可能关系更密切。

　　另外，须三段 4 砂组、5 砂组岩石颗粒、钙屑含量远低于上部的 1~3 砂组，由 4 砂组到 3 砂组岩石颗粒突然变粗(图 7-2 中见电阻率突然变高)，表明二者之间有一次明显的隆升事件，该事件造成岩石的物质组成与储层的孔隙结构发生双重巨变。

　　地质事件深藏于测井曲线中，它给测井评价及生产测试带来诸多矛盾，但又极难察觉，造成前期地质研究与测井评价的诸多假象，怎样找到地质事件的测井信号本质事关研究区的正确认识。

二、研究区测井评价面临的难题

　　研究区测井评价面临的难题主要有三个：

　　一是岩石类型的复杂性，导致气层测井响应似乎无规律。如图 7-2 所示，有高电阻率的测试气层，如 YL10 井的须三段 I 砂组；也有低电阻率的测试气层，如 YB6 井的须三段 V 砂组和须二段 II 砂组；还有低电阻率的测试低产气层，如 YL10 井的须二段 II 砂组。加之钻井过程中多处泥浆漏失影响电阻率测井，气层识别困难重重。

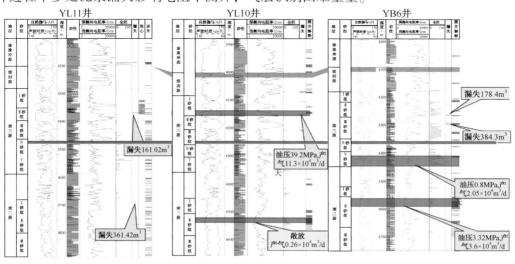

图 7-2　元坝陆相区块测井响应与测试关系图

二是渗透性裂缝的测井响应隐蔽性强，识别困难。同为低角度裂缝，图 7-3 中左图与右图曲线差异很大，分别是元坝陆相区块及附近龙岗气田的主要裂缝测井响应特征。其中，龙岗气田须三段低角度裂缝的声波时差高达 80μs/ft（图 7-3 左图中画圈部分），可轻易识别，属于典型的开启裂缝；元坝陆相区块须三段低角度裂缝声波时差大多在 60μs/ft 左右（图 7-3 右图中画圈部分），与非裂缝储层测井响应接近，属于半充填裂缝，其测井响应的隐蔽性很强。该区低角度裂缝的这两种鲜明差别，显然与裂缝事件的受力与充填状态有关，是不同构造应力作用区的必然结果，怎样准确识别这些隐蔽裂缝？这个难题考验着测井研究人员。

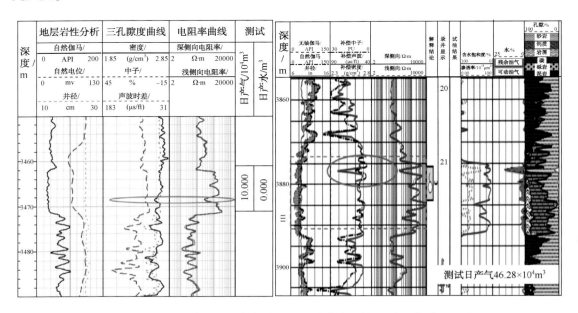

图 7-3　研究区与邻近气田低角度裂缝测井曲线比较图（右图据中国石油）

三是须二段的孔隙度和裂缝密度总体上大于须三段，二者测试产能却相反，这令人费解。从表 7-1 和表 7-2 可以看出，须二段平均孔隙度刚好 10%，测试层无阻流量却鲜见高于 $5×10^4 m^3$ 的状况，须三段平均孔隙度远低于前者，为 4.93%，测试层无阻流量多高于 $5×10^4 m^3$，两者反差巨大！

表 7-1　须二段孔隙度与测试关系表

井名	层厚/m	解释结论	孔隙度/%	测试结果/($10^4 m^3$/d)
YB6	35.5	气层	11.71	5.29
YB22	17	气层	12.93	20.56
YB27	20.1	差气层	9.88	2.25
YB4	5	差气层	12.38	2.2
YL8	23.6	差气层	9.54	2.16
YL6	7.5	差气层	8.78	2.13

续表

井名	层厚/m	解释结论	孔隙度/%	测试结果/(10^4m^3/d)
YL6	3.8	差气层	7.99	2.13
YL6	20.9	差气层	6.83	2.13

表7-2　须三段孔隙度与测试关系表

井名	层厚/m	解释结论	孔隙度/%	测试结果/(10^4m^3/d)
YL7	2.7	气层	3.48	185
YL12	2.2	气层	4.72	77.17
YL10	2.6	气层	3.84	12.9
YB221	11	气层	9.43	12.9
YB224	3.6	气层	5.03	11.2
YL702	4	气层	4.5	6.79
YB2	2	气层	3.36	3.85
YB223	6.7	气层	5.05	3.01

三、测井评价的思路与对策

产生上述矛盾的"元凶"显然是地质事件！掌握解题思路的钥匙必然是地质事件本身。从问题的表象看，岩性、物性及岩石骨架信号大于储层含气信号，最终导致了测井评价困难；从本质看，推覆、隆升事件引发的复杂近源堆积是造成测井评价多重困难的根本原因；从研究思路看，根据推覆、隆升事件的储层特征探索测井评价的解决方案，才是关键方法。推覆、隆升事件的储层甜点与测井评价的关系是什么？这需要从测井与地质的深层次关系入手。

图7-4为地质事件与测井评价关系图。图中，须二段主要与推覆事件有关，它主要引发两个测井评价难题：一是复杂应力造成电阻率成因复杂，非油气测井信号有可能参与饱和度计算，致使饱和度计算精度低；二是裂缝因素会造成三条电阻率和三条孔隙度测井曲线变形，影响流体识别及饱和度计算精度（见本书第一章第一节）。须三段是推覆与隆升事件的叠加，测井评价难度更大，其中隆升事件的影响有三个：一是多种岩石类型对电阻率影响巨大，影响流体识别；二是岩石骨架多变，影响孔隙度计算精度（如前文图3-11）；三是孔隙结构复杂，有时可见相对"高孔隙"测试的干层。另外，事件叠加也绝非是两种复杂事件的简单累加，其中还有事件与事件相互作用引发的新问题，这既是测井评价的未知因素，也可能是破解难题的另一把钥匙。

可见，每种地质因素都可能诱发一个具体的测井评价难题，本区为观察不同地质作用与测井评价的关系提供了难得素材。

根据上述分析，本区确定了三条研究思路：一是采用岩心刻度测井曲线技术，建立岩性分析模型和判别标准，梳理岩性与测井曲线的响应关系；二是以实证的溶蚀、裂缝推导隐蔽型裂缝的测井识别依据，建立本区裂缝识别标准，解决溶蚀和隐蔽型裂缝的识别难题；三是根据裂缝成因模式区别，建立基于孔隙结构模型的流体识别图版，解释本区 Tx^2 和 Tx^3 孔隙度与产能关系相反的矛盾现象。

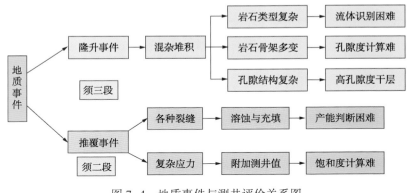

图 7-4　地质事件与测井评价关系图

第二节　地质事件指导流体识别

一、岩性的识别研究

对岩石类型的更细分类是笔者一贯的解题技巧，本案例也不例外，尤其是岩石颗粒的巨变，就是隆升事件的外显。根据历年研究发现，电阻率、自然伽马分别对储层中的岩石粒度、岩屑含量更敏感，因此，以岩石粒度和岩屑(碳酸盐岩含量大于50%为钙屑，反之为岩屑)为细分类依据，研究隆升与推覆事件(代表岩性分别为钙屑与岩屑)对测井曲线记录的影响。

图 7-5 为分类后的测井响应图版，该图版展示出三条规律：一是气层赋存于固定的岩石类型中。它既难赋存于最粗的岩石颗粒，亦非更细的岩石颗粒，再次佐证了表 6-1 及表 6-2所述观点。二是电阻率可判断钙屑粒度。它随钙屑颗粒变粗而增高。三是自然伽马可判断储层钙屑含量。它随钙屑含量减少而增高。依此得出推论：钙屑具有溶蚀与充填的两面性，并可能对储层渗透率和产能产生巨大影响。根据图 7-5 获得的认识，建立了两套地层的岩性识别标准(见表 7-3，注：表中仅红色字体的岩石类型测试才可能获得工业气流)。

表 7-3　须二段、须三段岩性测井识别标准

岩石类型	自然伽马/ API	电阻率/ Ω·m	声波时差/ (μs/ft)	典型井	测试经济产能统计
砾岩	<40	>10000	<45	YL702 与 YL11	无
砂砾岩	<40	3000~10000	45~55	YL6	无
含砾砂岩	<40	1000~3000	45~55	YB6	有

岩石类型	自然伽马/ API	电阻率/ Ω·m	声波时差/ (μs/ft)	典型井	测试经济产能统计
钙屑砂岩	<55	300~1000	55~60	YB6	有
岩屑砂岩	>55	<300	58~63	YB6	无
泥岩	>65	<60	>60		无

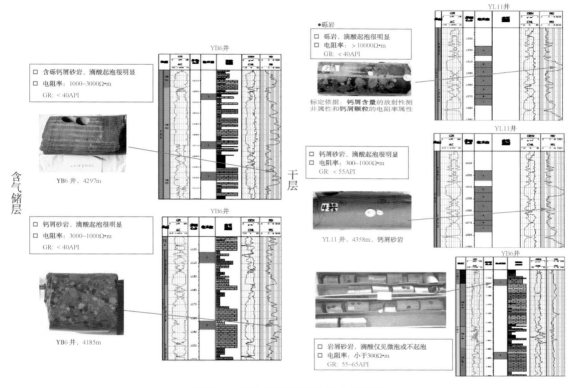

图 7-5　岩心标定岩性测井响应图版

　　根据以上研究，进一步提出了研究区测井评价的简化体积模型(图 7-6)。该模型表明，隆升和推覆事件决定了须二段与须三段体积模型走向。其中，须三段 1~3 砂组隆升事件显著，钙屑含量高且变化小，此时岩石的粒度变化大，对电阻率影响最大；因须三段 4 砂组、5 砂组及须二段储层岩石粒度变化小，推测推覆事件作用更大，此时钙屑含量对电阻率影响最大。

　　该体积模型给了笔者两点启示：一是钙屑含量的量变与质变，可能是制约钙屑砂岩与岩屑砂岩孔隙结构特征的主因；二是钙屑与裂缝的耦合关系，可能是解释本区测井评价矛盾现象的钥匙。这些研究使破解须二段与须三段测井评价矛盾的思路逐步清晰起来。

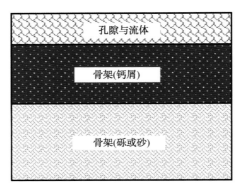

图 7-6 研究区须二段、须三段测井评价体积模型

二、裂缝与溶蚀的识别研究

本区大量发育的低角度裂缝是宏观推覆事件的微观延伸。针对裂缝识别，根据岩心观察和成像测井研究成果标定常规测井曲线，建立了基于常规测井曲线的裂缝分类识别方法（图 7-7 与图 7-8）。

图 7-7 中右侧的岩心照片为某井取心段的半充填裂缝，其上半部分可见显著的方解石充填，即裂缝附近的白色物质，其下半部分为开启裂缝，中间可见溶蚀现象；左侧为该裂缝深度在测井曲线上的标定，结合岩心观察可见，该低角度裂缝位于砂、泥频繁转换的界面上，自然伽马曲线上也是砂、泥转换界面，声波时差在 60μs/ft 左右，成为此类裂缝的常见规律。

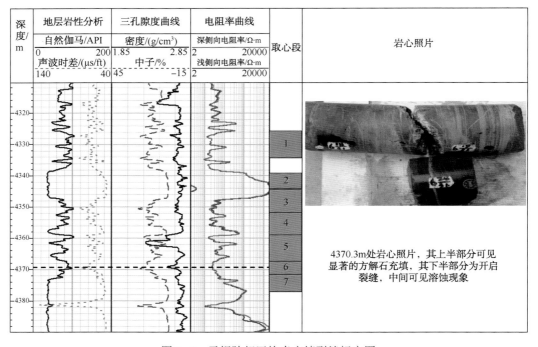

图 7-7 元坝陆相区块半充填裂缝标定图

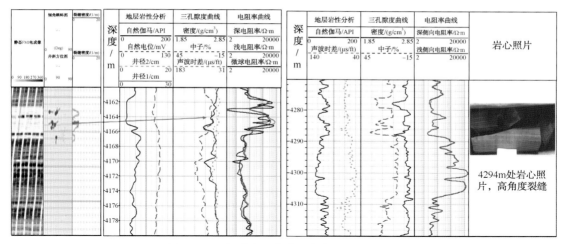

图 7-8　元坝陆相区块高、低角度裂缝标定图

图 7-8 为研究区高、低角度裂缝标定图。其左图中，裂缝在成像测井的倾角蝌蚪图上表现为中低角度，与之相对，可见常规测井曲线的相应变化，一是在裂缝处的电阻率曲线会显著降低（见图 7-8 左图中曲线栏的倒数第一道），这是因为中低角度裂缝处的钻井液侵入较深，使电阻率明显低于邻近地层；二是声波测井曲线的增高（见左图中曲线栏的倒数第二道），这是因为声波在低角度裂缝处衰减，致使声波值增高。图中电阻率曲线与声波曲线的变化可一一对应，不仅两条曲线可相互佐证，也反映裂缝处测井曲线的联动关系。

图 7-8 右图为高角度裂缝的测井曲线标定。该图右侧为该井的高角度裂缝岩心照片，裂缝处可见深、浅侧向具有收敛的正差异。

钙屑会产生钙质溶蚀与充填。针对溶蚀储层，本书分析了三条孔隙度测井曲线的原理差异：当储层发育溶蚀孔时，计算或校正得到的中子、密度孔隙度大于声波孔隙度；当储层含气时，计算或校正得到的声波、密度孔隙度大于中子孔隙度；当储层为水层时，计算或校正的上述三条孔隙度基本相等。基于上述三条孔隙度测井曲线的原理差异，找到了溶蚀储层的测井识别依据。图 7-9 为溶蚀孔测井曲线识别图，该图中，溶蚀孔发育深度处（4379~4380.5m），测井计算的密度孔隙度明显大于声波孔隙度。

根据上述研究工作，建立了适合研究区须二段、须三段的裂缝识别标准（表 7-4），为解开研究区须二段和须三段地质事件引发的测井认识矛盾奠定了基础。

表 7-4　元坝陆相须二段、须三段裂缝识别标准

储层类型	常规测井		成像测井
	双侧向电阻率	声波时差	
高角度裂缝	具收敛的正差异	数值低平	正弦曲线
低角度裂缝	数值降低且基本重合或正差异	数值明显增高	暗色条纹
复合裂缝	正差异且数值较低	数值明显增高	正弦曲线与暗色条纹相互交叠
溶蚀孔隙	数值降低	数值增高低于密度、中子孔隙度	深色斑点、斑块

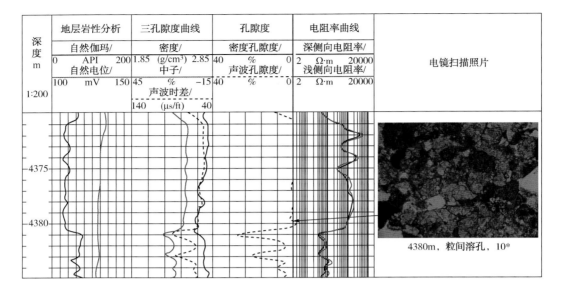

图 7-9　溶蚀孔测井曲线识别图

三、储层流体识别图版研究

不同地质事件是否造成不同的裂缝与溶蚀关系？目前还没有明确答案，但解决了裂缝与溶蚀的测井识别问题，无疑就有了探究这种关系的基础。上述研究使笔者有了分析裂缝与溶蚀结构的思路。

如果将本案例宏观地质与微观裂缝、溶蚀作为一体进行研究，可以发现，须二段与须三段地质事件的差异性是解决本区种种矛盾问题的关键线索。其中，须三段面临不同事件的耦合，其研究的重要性更甚于须二段。分析各事件促成的地层条件及其内在性质，完全可以推理并还原这种耦合关系的来龙去脉。

首先，推覆事件分别促成须二段、须三段储层的裂缝体系，尤其是低角度裂缝。裂缝在地质和工程中表现出的性质，深刻影响了测井曲线之间的互动关系（图 7-10）。其中，深度 3468.5m 处为典型的半充填低角度裂缝，测井曲线在该处出现联动：声波时差值较之围岩略有增高（左侧第三道），在 $60\mu s/ft$ 左右，这与声波在半充填低角度裂缝处有限的衰减有关；与之相对，电阻率曲线较之围岩快速降低（右侧第二道），这与泥浆侵入引发导电有关；自然伽马曲线刚好处于岩性细微变化的界面处。可见，裂缝在地质和工程中的属性影响了测井。

其次，隆升事件为此提供了充足的钙屑，是储层溶蚀与充填的物质基础。测井与岩心观察可以相互印证，须三段测井识别的低角度裂缝处，常见如图 7-7 中所示的半充填状态。钙屑物质充填与溶蚀的两面性构成了复杂的裂缝结构，影响了测井响应方式。

最后，事件耦合促成了储层的特殊孔渗结构：隆升事件造成富钙屑物质的互层，推覆事件引发层间滑动，形成富钙屑的低角度裂缝体系，该体系又为钙屑物质提供了复杂的溶蚀与充填场所，产生特殊的半充填裂缝，对气藏开采构成深远影响。

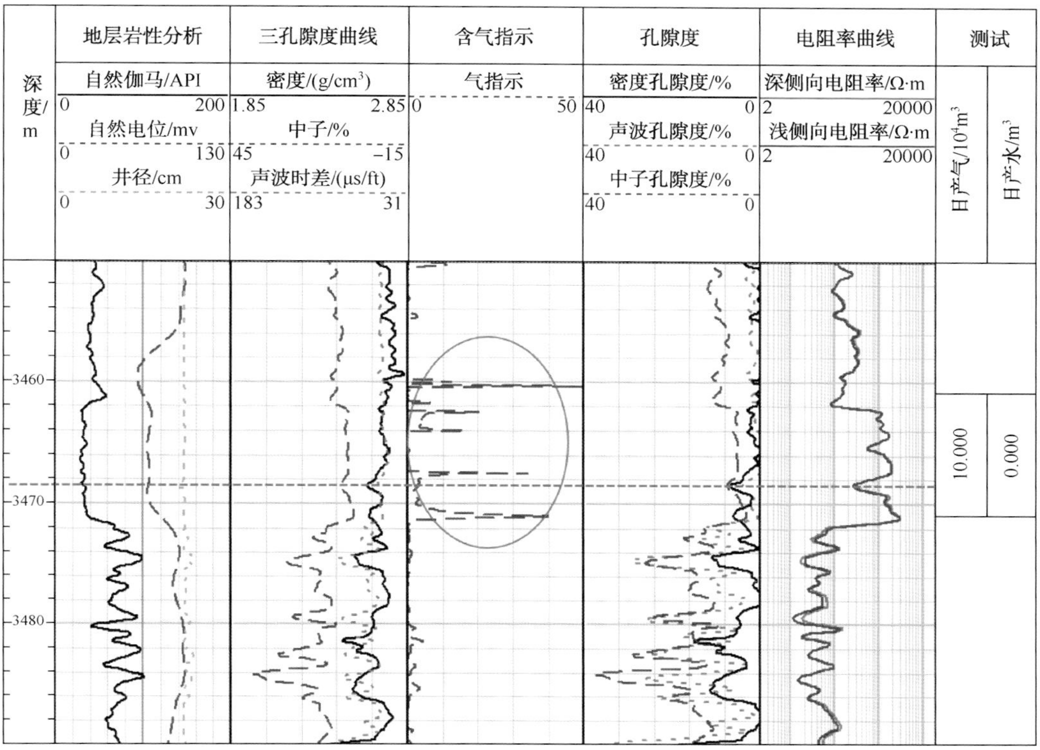

深度/m	地层岩性分析		三孔隙度曲线		含气指示	孔隙度		电阻率曲线		测试	
	自然伽马/API		密度/(g/cm³)		气指示	密度孔隙度/%		深侧向电阻率/Ω·m			
	0 ——— 200		1.85 ——— 2.85		0 ——— 50	40 ——— 0		2 ——— 20000		日产气/(10⁴m³)	
	自然电位/mv		中子/%			声波孔隙度/%		浅侧向电阻率/Ω·m			
	0 ——— 130		45 ——— -15			40 ——— 0		2 ——— 20000		日产水/(m³)	
	井径/cm		声波时差/(μs/ft)			中子孔隙度/%					
	0 ——— 30		183 ——— 31			40 ——— 0					

图 7-10 YL7 井须三段含气指示曲线图

根据上述分析，可以由密度与声波的孔隙度关系，推导出测井响应对裂缝与溶蚀关系的表达。图 7-10 中右侧第五道为校正后的三孔隙度关系图，根据测井解释原理，可以看到三种关系：一是声波孔隙度主要反映原生孔隙，当计算的声波孔隙度值为零时，表明原生孔隙不发育；二是由于钙屑砂岩很致密，图中以裂缝为中心，向上、下延伸，声波会逐渐归零，归零处密度孔隙度明显高于声波孔隙度，表明此处发育溶蚀；三是图 7-9 反映了典型的溶蚀现象(未见明显裂缝测井响应)，本图与之区别明显。裂缝中心点处声波与密度的孔隙度差异更为复杂，这是因为在低角度裂缝处同时存在声波衰减和溶蚀现象，使声波与密度孔隙度同时增高，其增高的程度取决于低角度裂缝的开度与溶蚀强度。

将事件耦合结合测井推理，笔者研制出基于地质事件认识的须三段"含气指示曲线"。图 7-10 中右侧第四道为 YL7 井计算的须三段含气指示曲线，该曲线阐释了事件耦合的深刻内涵：溶蚀现象主要沿低角度裂缝的中心对称发育(3460～3472m)，溶蚀与裂缝在须三段的这种特殊关系，形成局部高渗带，是须三段储层孔隙度低却高产的奥妙所在。

反观须二段气层可以发现，裂缝虽然是储层是否产气的关键，但钙屑含量不高，影响了溶蚀与裂缝的有效配置。YB22 井是表 7-1 中须二段产量最高的一口井，图 7-11 中 4402～4412m 声波值呈"刺刀状"增高，为低角度裂缝发育处，该层低角度裂缝发育密度大，因此产量偏高，进一步统计须二段各井表明，低角度裂缝密度与须二段气层产能关系密切。

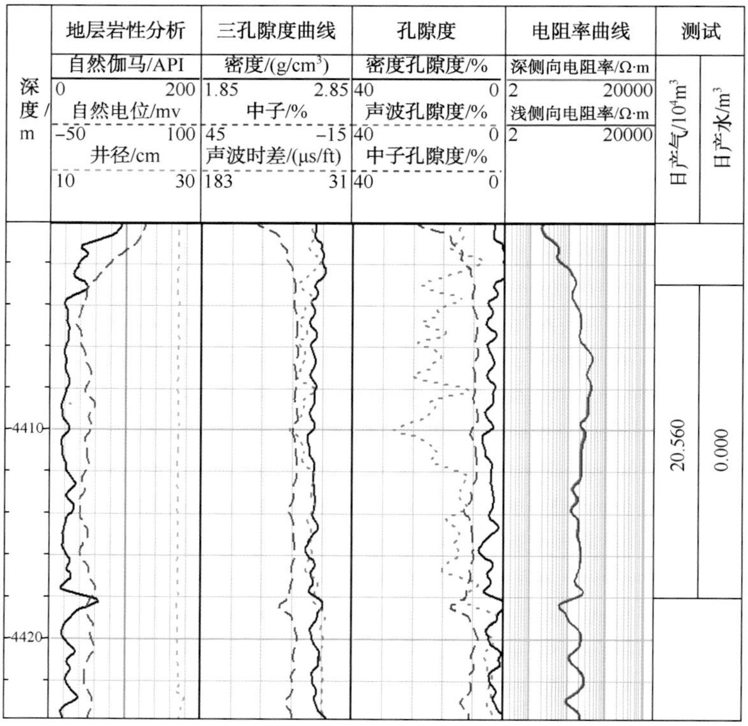

深度/m	地层岩性分析		三孔隙度曲线		孔隙度		电阻率曲线		测试	
	自然伽马/API		密度/(g/cm³)		密度孔隙度/%		深侧向电阻率/Ω·m		日产气/10⁴m³	日产水/m³
	0 自然电位/mv 200		1.85 中子/% 2.85		40 声波孔隙度/% 0		2 浅侧向电阻率/Ω·m 20000			
	-50 井径/cm 100		45 声波时差/(µs/ft) -15		40 中子孔隙度/% 0		2 20000			
	10 30		183 31		40 0					

图 7-11 YB22 井须二段产气层测井曲线图

上述研究表明，本案例两段地层孔隙度与测试结果的巨大反差原因在于，推覆事件促成了裂缝体系。其中，低角度裂缝在储层中的发育密度决定了须二段气层的产能特点；隆升事件提供了富钙屑砂岩，它是储层溶蚀与充填的基础，这种复杂溶蚀、充填与裂缝的特殊耦合，决定了须三段气层的产能特点。两套地层事件成因研究合理解释了矛盾现象，也成为破解难题的关键。

上述研究为本案例流体识别图版制作提供了依据，图版坐标的物理意义包含地质事件因素。其中，须三段是隆升与推覆事件的叠加，其图版横坐标引入能够表达溶蚀与裂缝特殊结构的含气指示曲线值（IGAS），纵坐标采用储层孔隙度（POR）。图中，高产气层的 IGAS 值大于 20，其他储层是 IGAS 与 POR 的综合关系，IGAS 和 POR 均高，则储层产能偏好，反之为差储层（图 7-12 左图）；须二段以推覆事件为主，其图版横坐标用裂缝发育密度指代低角度裂缝强度，纵坐标以密度与声波关系函数作为孔隙度系数。图中，气层的低角度裂缝强度参数值高，差气层的低角度裂缝强度参数值与孔隙度系数均较高，含气层反之（图 7-12 右图）。

上述研究完成于 2013 年初，该图版随后被当年新钻井一一证实。如图 7-13 所示为 2013 年春完钻的新井，根据图版分析，IGAS 低，低角度裂缝与溶蚀的耦合程度低，结合该井测试储层孔隙度低，因此测井解释预判为低产气层，测试与之相符。

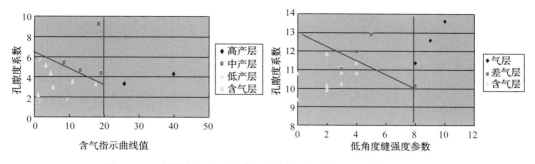

图 7-12　元坝陆相地区须家河组须二段、须三段流体识别图版

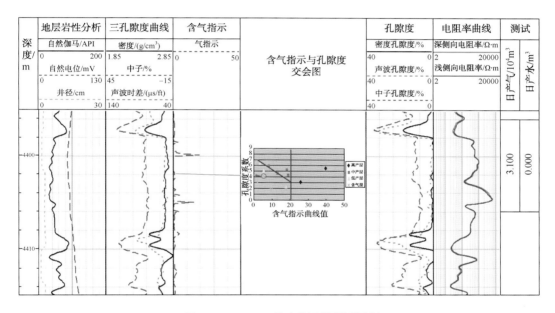

图 7-13　YB223 井流体识别预测图版

第三节　测井评价与油气勘探部署的关系分析

一、推覆事件成因裂缝对储层产能的影响分析

传统测井技术识别裂缝强调地球物理基础，此无可厚非。例如，根据低角度裂缝的地球物理实验认识，在常规测井曲线中，会引发声波时差增高和电阻率降低，在成像测井曲线上，表现为暗色条纹或低幅正弦曲线。但是，由于泥质条带与层理也有类似特征，因此在成像测井图像中，低角度裂缝与泥质条带、层理等不易区分，正因如此，成像测井深受"膜拜"，反而可能成为低角度裂缝研究的短板，甚至误导研究者。在早期的川西须家河组

研究中，曾漏识别了大量低角度裂缝，导致气层开发的被动，与此不无关系。

地质事件是否引发新认识呢？对四川盆地须家河组的研究，显然地质事件中隐含新机理。研究发现，与推覆事件成因有关的低角度裂缝还有新特征：常见于自然伽马的岩性变化点上，即自然伽马的齿化点就是岩石薄弱面，常常就是低角度裂缝发育处！图 7-14 中 3928~3940m 可见丰富的低角度裂缝发育于自然伽马齿化点处，与电阻率和声波曲线联动，很好地印证了推覆事件对裂缝测井识别的另一种解读。

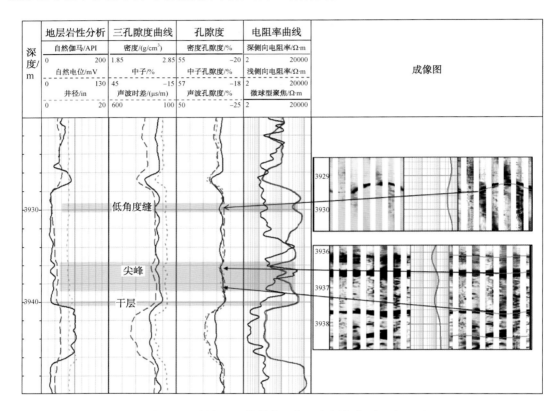

图 7-14　须家河组某井自然伽马与低角度裂缝关系图

二、本研究与油气勘探部署的关系分析

本案例中，须三段是元坝陆相区块研究的主要目标。上述研究表明，纵向上岩性变化面是低角度裂缝发育带，钙屑物质沿低角度裂缝面对称溶蚀，有助于形成含气高产带，这些认识将对勘探开发部署影响巨大。横向上，岩性的变化是否与产量的高低有关呢？完全可以朝这里推想。图 7-15 为元坝地区须三段主河道岩相展布图。图中 YL7、YL12、YL10 及 YB221 四口井测试产量较高，其共同特点是分布于钙屑砂质砾岩或中粗粒钙屑砂岩中，在岩相边界处有可能高产的概率大；其他岩相储层测试均为低产，目前测试尚未见到工业气流。

元坝陆相区块前期探井以直井为主，钻探层位多选择储层内部，以该钻探方式为基础，目前该区须三段还难以形成规模开发。

以低角度裂缝带为获得经济产能的钻探目标，以裂缝带上、下地层对称溶蚀的孔隙为经济产量的供给基础，是否有助于水平井的长期稳产以及该区未来的经济开发呢？我们完全可以拭目以待。

地质事件及其细节附着于测井曲线，读懂它，测井技术会实现"穿越"，让人们"看"到远古。元坝陆相区块的测井研究，展示出地质事件对测井评价的深刻影响，不禁让笔者想起唐代诗人李白的《山中问答》：问余何意栖碧山，笑而不答心自闲。桃花流水窅然去，别有天地非人间。地质事件就是现今测井评价窅然而出的"新天地"！

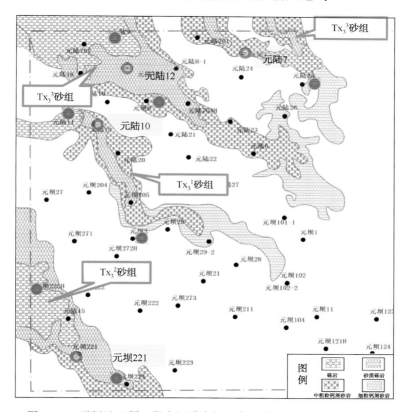

图 7-15　元坝地区须三段主河道岩相展布图（据肖开华、李宏涛等）

第八章　地质事件与油气预测

很多学者期待测井技术能够"一叶知秋"。测井曲线能够参与地质预测是地质学家和测井专家的夙愿。然而，这预测之梦并不顺，究其原因，是测井曲线已知的预测技术有限，目前广为人知的成功案例，仅来自地层倾角分析或地层压力预测等少数技术。由此可见，这"一叶知秋"的本领，确需认知依据的可验性。

那么，一叶知秋是否有迹可循呢？这需细观秋树。其实，为秋报信的那片叶子，就挂在树的最边缘！道理也可推知：树的养分和水分运移路径是从根部向树干和树叶供给，自然是最晚到达边缘之叶，当秋天的肃杀悄然来临，养分和水分供给的不稳定性自然先被这片叶子感知。

"一叶知秋"暗含的规律说明，边缘信息最易暴露事物的"走向"，也隐隐预示可能的重大变动。同理，利用测井曲线研究各种地质事件及其边界信息，也完全有可能找到地质预测的方向，这些边界包括各级别构造、地层、岩石及矿物等的接触边界，本书中许多预测都充分利用了这些边界信息的识别与分类细化。

那么，本书中许多预测都如何充分利用边界信息的识别与分类细化呢？例如，岩石界面常常就隐含事件发生的走向，包括油气运聚与低阻油气层判断、异常压力形成、推覆成因的低角度裂缝等，这些都成为油气预测的关键因素。

另外，自然界很多物质的信息均具有可复制性或宏观与微观的一致表达，这表明局部常常能诠释整体！地质事件亦如此。从测井曲线地质属性的统一性看，如果我们能猜出测井曲线与地质事件的一致性表达，那么，测井曲线无疑具备预测功能。宏观决定微观，微观是对宏观的具体表现，利用地层倾角变化推知构造形态、利用孔隙度信息推测地层压力，这些都是微观对宏观的具体表现，类似信息在测井曲线上本应有很多，只是被破译的密码太少。预测的依据应该来自测井曲线含义认知的解放。

第一节　利用压力预测指导探井部署

测井资料包含丰富的压力、应力事件信息，对于油气预测及工程施工意义重大，有时此类地质事件的识别，甚至对油气发现起决定性作用，本节以沙特 B 区块案例为例，阐述压力预测在勘探布井中的作用。

沙特 B 区块位于中东鲁卜哈利盆地。该盆地古生界地层以碎屑岩为主，中生界和新生界则以碳酸盐岩为主。2004 年，中国石化中标了该区块古生界天然气风险勘探项目，在早期认识中，研究者的钻探目标多集中于二叠纪和泥盆纪的两套储盖组合(图 8-1 和图 8-2)。

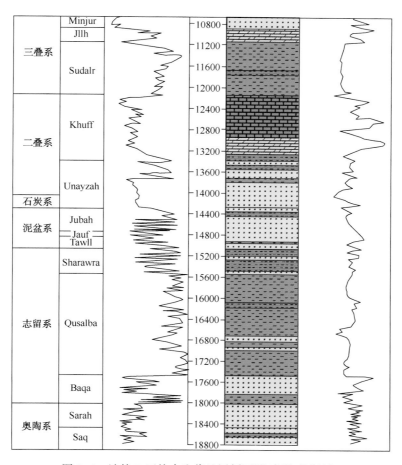

图 8-1 沙特 B 区块古生代地层剖面图(据海外资料)

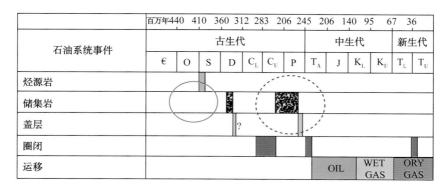

图 8-2 沙特 B 区块古生代含油气系统成藏条件配套关系图

图 8-1 中二叠纪 Khuff 组是一套由石灰岩、白云岩、硬石膏组成的旋回，地层厚度稳定，一般厚 1200~1400ft。地层各段厚度比较稳定，属于低孔特低渗储层；其下部的 Unayzah 组储层由一套河流相、冲积相和风成沉积的大陆碎屑岩组成，厚度一般在 100~

1000ft，孔隙度 0.3%~26%，渗透率 $(0~200)\times10^{-3}\mu m^2$，属于低孔低渗储层或中孔低渗储层，个别层段属于中孔中渗储层，储层埋深一般小于 4500m。对这两套地层的储盖组合关系早期研究最多，是钻探的重点(见图 8-2 中断线蓝圈)。

泥盆纪的 Jauf 组储层为冲积相和滨岸相砂岩，后期由于多次遭受构造运动(特别是海西期构造运动)改造，剥蚀严重。Jauf 砂岩孔隙度 6%~25%，有时可达 30%，平均为 12%，渗透率 $(0.1~100)\times10^{-3}\mu m^2$，最大渗透率 $1000\times10^{-3}\mu m^2$。根据物性资料并结合沉积背景，早期研究曾推测该砂体与上覆可能的烃源岩组成储盖组合(图 8-2)，但剥蚀问题成为制约该地层成藏的因素。

早期研究也发现，志留系底部 Qusalba 段下部为富含生物化石的黑色页岩(热页岩)，是一套有利的烃源岩。但在早期研究中，很少将其与奥陶纪 Sarah 砂岩联系起来(储层埋深一般大于 5000m)，因此，笔者介入该地区测井评价时被告知，研究重点是 Unayzah 组，早古生代成藏组合未被提及(见图 8-2 中实线红圈)。

虽然甲方未要求评价早古生代地层，但尽可能分析地质事件全信息，是笔者的一贯作风，本书第三章曾提出"当地质事件不引人注目，漏掉油气的可能性就很大。"测井专业是这样，地质专业就不会这样吗？显然，漏掉油气有相通之处。笔者在评价中没有放过早古生代地层，通过地质事件分析，有了重大意外发现。

在笔者接手测井评价时，就首先研究了钻进最深、钻遇地层最多的一口老井——MKSR-1 井。利用声波时差中纯泥岩测井信息的提取，分析了该井的地层压力变化趋势(见图 8-3 中黑色直线)，图 8-3 表明，该井在深度 5000m 之下可能存在异常高压(见图中黄色三角形)。那么，假如这种异常高压存在，能否找到其他异常加以印证呢？笔者的另一个习惯是寻找研究证据链。

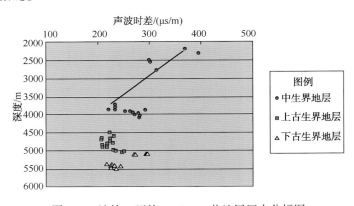

图 8-3　沙特 B 区块 MKSR-1 井地层压力分析图

人类实践的共性告诉我们，异常不会只隐藏于某单一信号中。以此为指导，笔者推测，钻井过程中也许还藏有被地质学家忽视的重要内容，为此，进一步详查了钻进过程中的异常信号，功夫不负有心人，果然从原始资料中发现，该井实钻过程中在 16705~17385ft (5091.7~5298.5m)井段的奥陶系 Sarah 组见到 7 次气显示，尤其在 17018ft(5187.1m)处循环时发生井涌，井眼泥浆密度为 1.488g/cm³，通过提高泥浆密度到 1.68g/cm³ 压住。该深度正对着声波测井曲线检测出的异常处，可见异常绝非偶然。

研究认为，钻进过程中先后出现了三个证据信息：气显示、井涌及泥浆密度的大幅提高，这些异常与笔者发现的异常深度一一对应，构成证据链条，说明地层可能存在异常高压。有了上述发现，结合 Sarah 组与 Qusalba 段下部黑色页岩，可以推知，下古生界极有可能存在一个有利的成藏组合！

笔者将上述推理及时告知课题负责人，引起了重视。课题组在探井设计时，将上、下古生界同时作为勘探目标，为沙特 B 区块油气钻探提供了"双保险"。之后，中外合作方于 2006 和 2007 年先后实施了 Sheh-0002 和 ATNB-2 等井。钻探结果表明，奥陶纪 Sarah 组屡获油气显示，并不断被测试证实，而二叠纪 Unayzah 组全部勘探失利，殊为可惜。根据测井技术的异常压力检测分析，避免了沙特 B 区块的钻探失利。

第二节　裂缝型储层的预测案例分析

重大地质事件不仅在宏观地质方面留下显著隐含特征，也一定会在地层的各微观层面留下些许印痕，从而为人类揭示它埋下多个伏笔。宏观与微观，为我们保留了研究地质事件可相互印证的 AB 面，构成识别重大地质事件的双重保障。当宏观与微观的认知产生矛盾时，那么一定是对某一方的判断出现了问题，印尼 B 油区裂缝型储层的识别，就是利用微观推理，发现宏观认识的不足，明晰了该地区存在裂缝型储层的一个典型案例。

一、印尼 B 油区地质背景

印尼 B 油区位于苏门答腊盆地 Jubang 区块，地处欧亚、印度洋-澳大利亚、太平洋三大板块交会处，为弧后盆地。构造演化大致经历了五个阶段：被动大陆边缘阶段、同裂谷期的断陷发育阶段、裂谷期的沉降坳陷发育阶段、构造挤压反转阶段与隆升阶段。

（1）碰撞前被动大陆边缘阶段。本区在古近系为被动大陆边缘盆地背景，白垩系晚期，板块俯冲导致的挤压作用使基底产生褶皱，火山岩侵入导致地层变质。古新统时期，Jubang 区块一直处于隆起状态，无沉积记录。

（2）始新统中期到渐新统早期为裂谷发育期，经历了强烈的断陷、走滑拉张，形成向北延伸的地堑群，开始了盆地的裂谷发育，为弧后转换拉张裂谷盆地发育期。

（3）渐新统晚期到中新统初期为裂谷-坳陷过渡期，盆地开始整体沉降，伴随着区域构造沉降，本区开始普遍遭受海侵，主要发育海相页岩、泥岩、泥灰岩和细砂岩沉积。

（4）中新统早期至今为盆地反转与隆升期，板块进一步俯冲，不仅造成挤压和构造反转，同时引起大规模海退，形成区域性海退序列。其反转构造如图 8-4 所示。其中，在上新统—更新统，印度板块的斜向俯冲造成苏门答腊盆地西南侧 Barisan 山脉隆起及强烈的火山活动和盆地反转，褶皱断层发育，形成 NW—SE 向走向的挤压构造。在山谷和向斜中接受了来源于山上的 Kasai 组曲流河—三角洲相沉积，是 Muara Enim 海退曲流河—三角洲沉积序列持续发展的沉积结果。

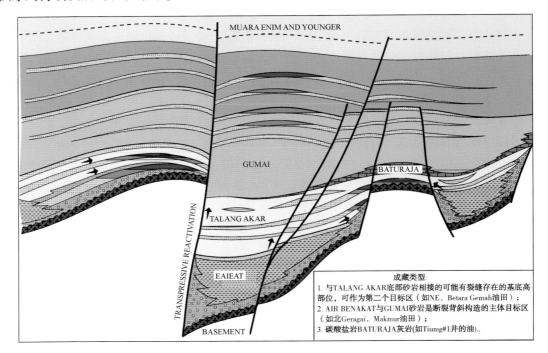

图 8-4　研究区反转构造模式图

二、裂缝型砂岩油气藏的推测及识别证据

（一）裂缝型砂岩油气藏的存在性推测

在笔者介入该项目之前的数年中，研究者均认为其储层是孔隙型储层，并据此编制了开发方案。产层中是否含有裂缝型储层，并无产生此类疑问。但一些不协调现象，又如同患上了"飞蝇症"的双眼，一丝阴翳始终挥之不去。这些不协调主要表现在三个方面：

一是其新生代构造的演化，既然经历了裂谷、构造挤压反转乃至隆升的过程，表明它曾历经很强的应力作用，其东侧 Barisan 山脉的形成与隆升即是充分的证据，那么储层是否受到应力作用，尚缺乏讨论！这是微观与宏观的不协调。

二是按早期研究的原始逻辑推理，正常埋深、压实作用与地层水矿化度组合形成的泥岩电阻率应为低值，且变化应相对稳定。但新制作的纯泥岩电阻率随深度变化图版，显然与该认识不符。图 8-5 表明，研究区的部分测井曲线测得较高的泥岩电阻率，其成因与挤压作用产生的强大应力更吻合，明显高于正常压实地层的泥岩电阻率。统计油气与泥岩电阻率之间的关系，更可看出，油气主要分布在低泥岩电阻率对应的低应力层段，测井曲线的这一专属地质响应表明，测井信息记录了强应力改造作用，并预示低泥岩电阻率对应的低地应力层段是油气赋存的有利区域。这是测井响应记录与宏观地质背景吻合但与以往的微观储层认识的不协调。

三是研究区投入开发后，可见试井分析渗透率常偏大于岩心分析渗透率的异常现象。试井分析的渗透率是根据渗流力学原理，通过油气井压力与产量的测试分析来认识储层，求得储层参数。一般认为，试井分析的渗透率比较符合生产现状；而岩心分析渗透率是通过对目的层取岩心，并将其清洗，然后以空气为介质测量岩心的绝对渗透率。虽二者在分析手段上不同，但按常理，它们应为线性关系。由图8-6可见，图中所圈出部分的相关关系很差，其部分试井分析的渗透率远大于岩心分析的渗透率。这种试井分析渗透率明显偏大的现象表明了部分储层的微观实测认识与以往微观推理的不协调。

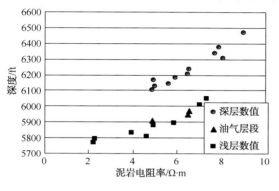

图8-5 研究区某井泥岩地应力分析图

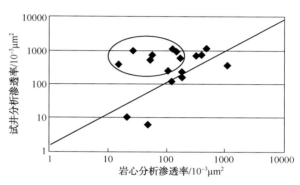

图8-6 试井渗透率与岩心分析渗透率关系图

综上所述，从宏观到微观乃至实测数据，均表明孔隙型储层可能不是唯一类型的储层。因此，有必要深入分析研究区是否存在裂缝型砂岩储层。

推测认为，地层中如果存在裂缝型储层，其测井曲线的地质属性特征可能表现在三个方面：一是泥浆侵入可能在部分裂缝型储层中具有专属响应，例如，对于正常压实的中浅层气层，其测井曲线会出现典型的"挖掘效应"（低中子和低密度测井特征），但裂缝型气层可能会因泥浆的侵入，导致"挖掘效应"消失；二是开启裂缝会在成像测井曲线中留下部分裂缝形态的专属记录；三是开启高角度裂缝会产生双侧向测量差异的裂缝专属记录。

另外，裂缝的存在，也可能会留下其他三个方面的微观证据：一是可能产生孔隙度与渗透率实验数据的关系异常；二是在岩石薄片上，可能会看到微裂缝对岩石颗粒的切割现象；三是已发现的部分测试渗透率远大于岩心分析渗透率或测井计算渗透率等。

根据上述推理，分别核查、对比了这六个方面内容。这些实际证据与上述推测完全吻合，证明了裂缝型砂岩储层的存在。

（二）裂缝型砂岩油气藏的测井识别证据

裂缝的存在对储层的性质及储层流体的识别均有很大影响。不同的测井曲线对裂缝及其类型会有或多或少的专属记录，裂缝型气层与孔隙型气层的测井响应特征也会因测量对象不同而具有测井响应的差别。

1. 工业气层缺失测井"挖掘效应"的识别

根据测井原理，由于天然气的含氢指数与体积密度都比油或水小得多，这在测井曲线上表现为低中子、低密度，即气层测井识别原理中著名的"挖掘效应"。但研究表明，本区许多测试获工业气流的储层并无"挖掘效应"。例如，图 8-7 中的两个气层，上部气层可见清晰的"挖掘效应"，但下部气层虽测试获得工业气流，但测井曲线的"挖掘效应"却消失了，本书曾用实例举证，开展测井评价工作不能死搬教条，只有地质本因才可能是测井原理与实际相反的根本所在！因此，"挖掘效应"的消失，只能反映地质的异常，该异常可能就是裂缝型砂岩的存在：由于存在裂缝，钻井液侵入并占据储层的孔隙空间，使测井曲线的含氢指数变高，体积密度增加，以致"挖掘效应"消失或极不明显，干扰气层的识别。

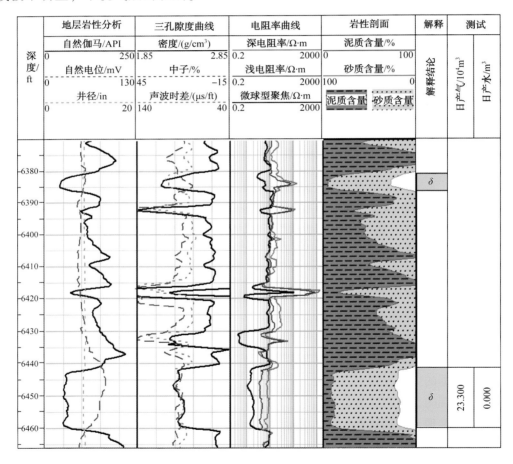

图 8-7　气层中子-密度曲线无"挖掘效应"图

2. 基于双侧向测井曲线差异的裂缝识别

侧向测井电阻率响应方程为：

$$R_{\text{lld}} = \left(\frac{K_{\text{d}}}{2\pi h} \ln \frac{D_{\text{i}}}{d_{\text{c}}} \right) R_{\text{xo}} + \left(1 - \frac{K_{\text{d}}}{2\pi h} \ln \frac{D_{\text{i}}}{d_{\text{c}}} \right) R_{\text{t}}$$

$$R_{\text{lls}} = \left(\frac{K_{\text{s}}}{2\pi h} \ln \frac{D_{\text{i}}}{d_{\text{c}}} \right) R_{\text{xo}} + \left(1 - \frac{K_{\text{s}}}{2\pi h} \ln \frac{D_{\text{i}}}{d_{\text{c}}} \right) R_{\text{t}}$$

式中　R_{lld}——深侧向电阻率，$\Omega \cdot \text{m}$；

R_{lls}——浅侧向电阻率，$\Omega \cdot \text{m}$；

R_{t}——地层真电阻率，$\Omega \cdot \text{m}$；

R_{xo}——冲洗带地层电阻率，$\Omega \cdot \text{m}$；

K_{d}——深侧向测井电极系，ft；

K_{s}——浅侧向测井电极系，ft；

D_{i}——侵入带直径，ft；

d_{c}——井眼直径，ft；

h——主电流层厚度，ft。

从上述两式中可以看出，R_{lld} 与 R_{lls} 是 D_{i} 的函数，当地层存在高角度裂缝时，泥浆滤液可顺着裂缝更深入地侵入地层，即 D_{i} 越大，R_{lld} 越大于 R_{lls}，双侧向电阻率出现差异。因此，可依据双侧向测井曲线的差异性识别一些裂缝层系。

如图 8-7 所示某井在 6442~6458ft 处，中子-密度曲线的"挖掘效应"消失，但试油与生产均表明该层为工业气层，该层双侧向电阻率存在较大的差异，且电阻率较低，小于 $10\Omega \cdot \text{m}$，因此可推测，其双侧向的差异很可能与高角度砂岩裂缝有关。

3. 成像测井显示有裂缝存在

成像测井是以颜色代表电阻率测值，其颜色越亮，电阻率越高。应用成像技术识别裂缝，主要是依据裂缝发育处的电阻率与围岩的差异。钻井时，钻井液侵入处于开启状态的有效缝。除泥岩外，其他岩类的电阻率(尤其是碳酸盐岩和花岗岩等结晶岩)都比钻井液的电阻率大得多，因此有效缝(张开缝)发育处的电阻率相对较低，多表现为黑色，可清晰地在电阻率井壁图像上反映出来。井壁岩石和钻井液电阻率的差异越大，裂缝就越容易识别。利用成像测井技术可直观地反映地层裂缝情况，图 8-8 为该区某井成像测井图，从图中可清楚地看到，在 6456~6458m，发育数条中低角度裂缝，从而直观地证明了该区部分储层发育裂缝，与推测吻合。

对全区进一步系统研究发现，这些局部发育的小型裂缝确实不多，加之成像测井资料有限，因此，这些裂缝型储层常被前期研究忽略。另外，当裂缝微小至其开度小于 5mm 的成像分辨率时，这些微裂缝也难以被成像测井所辨识。研究区的另一种现象同样引起笔者关注：一些被生产或测试证实的、缺失"挖掘效应"的工业气层，在成像测井上并无裂缝形态，但三条电阻率曲线中可见微球型聚焦电阻率(多代表冲洗带电阻率)远低于深、浅侧向电阻率，这可能与储层发育小级别微裂缝有关，这类砂岩微裂缝因特别隐蔽，难以被成像识别而容易漏判，其识别需借助岩心薄片才能得以印证。

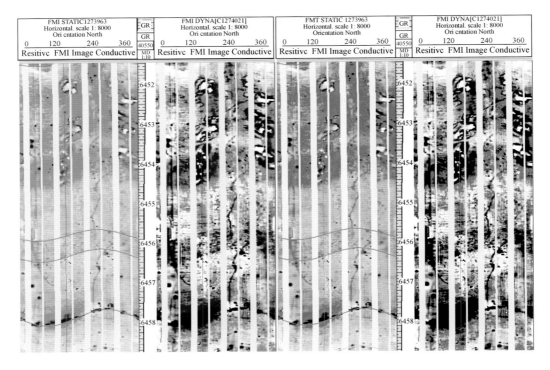

图 8-8　成像测井图

（三）裂缝型砂岩油气藏的其他识别证据

宏观地质作用的结果一定会在微观上有"忠实"刻画，从系统的角度考察，二者具有一致性。这也为充分利用微观信息去印证宏观认识提供了思路。

1. 岩心铸体薄片照片

图 8-9 和图 8-10 的岩心铸体照片显示，岩样中砂岩存在大量的微细裂缝。裂缝穿切颗

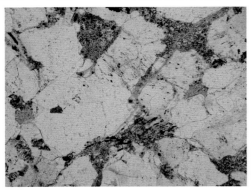

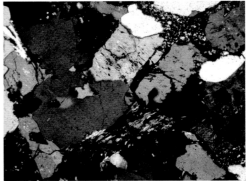

(a) NEB45井，对角线长1.6mm，铸体照片(+)　　(b) NEB45井，对角线长1.6mm，铸体照片(-)

图 8-9　微裂缝特征

粒或填隙物，缝宽约 0.01mm，呈网状分布。这间接印证了微球型聚焦电阻率远低于深、浅侧向电阻率，以及对微小裂缝存在的推测。岩心铸体薄片中微细裂缝的存在，充分证明了该区部分储层遭受过强应力作用，与宏观推测吻合。这些微裂缝对孔隙度的影响不大，但对储层渗透率的影响很大，容易引起部分孔渗关系异常。

(a) NEB45井，对角线长8mm，铸体照片(+)   (b) NEB45井，对角线长8mm，铸体照片(-)

图 8-10 微裂缝特征

2. 岩心分析孔隙度与渗透率异常关系

图 8-11 为研究区岩心分析孔隙度与渗透率的相关关系图。由图可知，该区孔隙度与渗透率表现出两种不同的关系：其一为孔隙度与渗透率分布呈简单的线性关系，研究区大部分储层与之相符，这类关系可能代表孔隙型砂岩储层；其二为低孔、高渗的关系，即图中所圈出的部分，这种异常现象用裂缝解释更为合理。

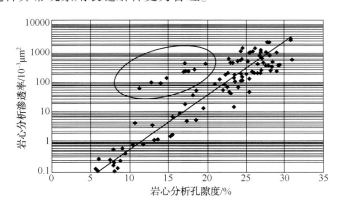

图 8-11 NEB 岩心分析孔隙度与渗透率关系图

3. 试井分析渗透率与岩心分析或测井解释渗透率的关系异常

多口井的试井分析渗透率与岩心分析或测井解释渗透率比较均发现，试井分析渗透率常大于后两者，进一步证明，孔隙型储层可能不是该地区唯一类型的储层。

上述分析表明，以上六个方面的微观证据与存在裂缝储层的推理高度吻合，且这六个微观证据均与裂缝发育的指向具有一致性，可比较充分地证明研究区除了孔隙型储层之外，还存在裂缝型储层。在证明前期宏观地质研究不够全面之余，也为该地区油气勘探开发提出了新认识，指出了潜在的新领域。

三、裂缝型砂岩储层预测和发现的意义

（1）储层认识发生根本性变化。裂缝型储层的论证，从根本上改变了该区长期以来对储层孔隙度的认识，为裂缝型储层的勘探提供了证据和依据。

（2）为油气挖潜指出新方向。研究表明，裂缝是该区低电阻率油气层的主要成因机理之一，裂缝型储层的研究与识别，有助于该区的油气复查和潜力层挖潜。

（3）提出了潜在的油气勘探新领域。该区的深层和基岩潜山一直没能纳入勘探开发视野，究其原因在于储层岩性已变质且孔隙度太低，依据该区只发育孔隙型储层的原有认识，如此低的孔隙度很难具备渗流能力；但多井的钻探表明，深层和基岩潜山录井已见良好油气显示，裂缝型储层的论证，表明其中的部分储层可能具备渗流能力，为深层和基岩潜山找油提供了理论依据。

（4）合理地解释了该区油气认识上的一些难解现象。例如，测井与试井在渗透率解释上的矛盾、岩心分析的特殊问题等。

第三节　基于测井技术的预测应用展望

人皆向往洞悉事物的发展规律，以期有预测之能，油气勘探的高风险更是刺激着勘探学家。然而，地下地质的复杂性，又有多少预测依据可求证呢？这正是困扰现今油气勘探的难题，地质学家对技术创新有着执着的渴望！一般而言，有推测功能的技术，都可能具备预测条件，研究清楚测井曲线的地质含义，无疑有助于预测依据的准确论证，从这个视角看，测井技术极具预测潜能。但测井技术长期将预测权让位于地质和地震专家，甚至是地质和地震专家非常不善于辨别测井曲线的地质本义，这值得大家反思。

观念的禁锢很可能是造成上述现象的主因。测井技术一直将地球物理视为理论根基，却又试图解决地质问题，难免存在不同思维模式难以兼容的矛盾，该矛盾随地层与油气赋存的日益复杂而日益凸显，不仅制约着现今储层的测井评价精准度，更是掩盖了测井曲线本身隐含的巨大预测潜能。当今测井评价技术的一个主要问题就是，储层越复杂，就越容易出现评价不准。这是油气测井信号日益微弱带给地球物理技术的重大挑战。

缺少开拓意识是造成上述现象的另一可能原因。在测井技术90多年的发展历程中，曾多次发现利用测井技术可破解地质问题，却一直没引起重视，它们分别被行业人士以个案加以研究，这些断断续续的偶然发现更是缺少学者的系统整理，其中隐含的重要机遇也被屡屡错过。利用测井技术研究地质问题的种种方法始终孤立而不系统，没能用一套系统理论将其完美串联，岂不遗憾？根源在于测井曲线与地质事件缺乏解义方法！

测井曲线记录的对象是地下地质，它一定内含丰富的地质事件信息，在分析方法上，按照地质的原则和思维，完全有可能找到对应转译方法，这就需要对测井曲线的含义进行

重新探索。利用测井曲线辨识地质事件的能力越强大，地质学家能找到的推理就越丰富而细腻，甚至能找到地下地质预测的关键且精细的证据。

地质事件与测井曲线的关系更应是宏观与微观的统一。将宏观与微观有机结合，开展多学科的分析与论证，将是利用测井技术开展预测研究的核心方法，也是未来的发展方向；测井曲线的另一个长处是，对于地质演化边界的精准记录，以及边界的识别，将有助于复原或推演地质事件转换与油气赋存的关系，从而达到预测目的。

未来取决于观察世界有了新视角，预测更是一种勇敢的探索，测井曲线含义的解放，很可能就是地质预测迫切所需的那一缕光。

参 考 文 献

[1] 李国欣，刘国强，赵培华．中国石油天然气股份有限公司测井技术的定位、需求与发展[J]．测井技术，2004，28(1)：1~6.

[2] 郭荣坤，王贵文．测井地质学[M]．东营：中国石油大学出版社，1999.

[3] 王贵文，郭荣坤．测井地质学[M]．北京：石油工业出版社，2000.

[4] S. J. person. Geologic Well-log Analysis[M]. Gulf Publishing Compony, Houton, Texas.

[5] 马正．油气田地下地质学[M]．武汉：中国地质大学出版社，1987.

[6] 马正．油气测井地质学[M]．武汉：中国地质大学出版社，1994.

[7] 陈立官．油气田地下地质学[M]．北京：地质出版社，1983.

[8] 陈立官．油气测井地质[M]．成都：成都科技大学出版社，1990.

[9] 武汉地质学院北京研究生院石油地质研究室岩相组，大港油田石油勘探开发研究院勘探室岩相组．黄骅坳陷第三系沉积相及沉积环境[M]．北京：地质出版社，1987.

[10] 肖义越，赵谨芳．应用测井资料自动确定沉积相的计算机程序[J]．地质科学，1993，28(1)：36~45.

[11] 胡盛忠．石油工业新技术与标准规范手册[M]．哈尔滨：哈尔滨地图出版社，2004.

[12] 王笑连．地层压力预测与检测技术[J]．石油与天然气地质，1982，3(4)：389~394.

[13] 瓦尔特·H·费特尔著．宋秀珍译．异常地层压力[M]．北京：石油工业出版社．1982.

[14] 李明诚．利用压实曲线研究初次运移的新方法[J]．石油学报，1985，6(4)：33~40.

[15] 陈荷立．砂泥岩中异常高流体压力的定量计算及其地质应用[J]．地质论评，1988，34(1)：54~63.

[16] 杨绪充．济阳坳陷沙河街组区域地层压力及水动力特征探讨[J]．石油勘探与开发，1985，12(4)：13~20.

[17] 彭大均，刘兴材，等．济阳坳陷沉积型异常高压带及深部油气资源研究[J]．石油学报，1988，9(3)：9~17.

[18] 田世澄，张博全．压实异常孔隙流体压力及油气运移[M]．武汉：中国地质大学出版社，1988.

[19] 陆凤根．冲积沉积物[J]．地球物理测井，1988，12(6)：12~21.

[20] 信荃麟．油藏描述与油藏模型[M]．北京：石油工业出版社，1989.

[21] 刘泽容．油藏描述原理与方法技术[M]．北京：石油工业出版社，1993.

[22] 张一伟，熊琦华，王志章，等．陆相油藏描述[M]．北京：石油工业出版社，1997.

[23] 李国平，许化政．利用测井资料识别泥岩"假盖层"[J]．地球物理测井，1991，15(4)：230~239.

[24] 李国平，石强，等．储盖组合测井解释方法研究[J]．中国海上油气（地质），1997，11(3)：217~220.

[25] 刘文碧，李德发，周文．海拉尔盆地油气盖层测井地质研究[J]．西南石油学院学报，1994，17(4)：34~42.

[26] 赵彦超．生油岩测井评价的理论和实践[J]．地球科学—中国地质大学学报，1990，15(1)：65~74.

[27] 刘光鼎，李庆谋．大洋钻探（ODP）与测井地质研究[J]．地球物理学进展，1997，12(3)：1~8.

[28] 司马立强，张树东，刘海洲，等．川东高陡构造陡翼主要构造特征及测井解释[J]．天然气工业，1996，16(4)：25~28.

[29] 吴继余．复杂碳酸盐岩气藏储层参数测井地质综合研究（上）[J]．天然气工业，1990，10(5)：24~29.

[30] 吴继余．复杂碳酸盐岩气藏储层参数测井地质综合研究（下）[J]．天然气工业，1990，10(6)：27~31.

［31］周远田．测井地质分析的某些进展［J］．国外油气勘探，1990，2(4)：7.

［32］肖慈珣，欧阳建，施发祥，等．测井地质学在油气勘探中的应用［M］．北京：石油工业出版社，1991.

［33］薛良清．利用测井资料进行成因地层层序分析的原则与方法［J］．石油勘探与开发，1993，20(1)：33～38.

［34］李庆谋，杨峰，郝天珧，等．测井地质学新进展［J］．地球物理学进展，1996；11(2)：66～79.

［35］O·塞拉著．肖义越等译．测井资料地质解释［M］．北京：石油工业出版社，1992.

［36］丁贵明．测井地质学及其在勘探中的应用［J］．测井技术，1996；20(4)：235～238.

［37］蔡忠，侯加根，徐怀民，等．测井地质学方法在储层岩石物理分析中的应用［J］．石油大学学报，1996，20(3)：12～18.

［38］符翔，高振中．FMI测井的地质应用［J］．测井技术，1998，22(6)：435～438.

［39］何方，郑宇霞，周燕萍，等．东濮凹陷胡状集北岩性油藏地层微电阻率测井地质分析［J］．断块油气田，2004，11(4)：8～10.

［40］卢颖忠，李保华，张宇晓，等．测井综合特征在碳酸盐岩储层识别中的应用［J］．中国西部油气地质，2006，2(1)：109～113.

［41］祁兴中，潘懋，潘文庆，等．轮古碳酸盐岩储层测井解释评价技术［J］．天然气工业，2006，26(1)：49～51.

［42］景建恩，魏文博，梅忠武，等．裂缝型碳酸盐岩储层测井评价方法——以塔河油田为例［J］．地球物理学进展，2005，20(1)：78～82.

［43］李军，张超谟，金明霞．碳酸盐岩储层自适性测井评价方法及应用［J］．天然气地球科学，2004，15(3)：280～284.

［44］肖立志．核磁共振成像测井原理与核磁共振岩石物理实验［M］．北京：科学出版社，1998.

［45］李召成，孙建孟，耿生臣，等．应用核磁共振测井T2谱划分裂缝型储层［J］．石油物探，2001，40(4)：113～118.

［46］谭茂金，赵文杰．用核磁共振测井资料评价碳酸盐岩等复杂岩性储集层［J］．地球物理学进展，2006，21(2)：489～493.

［47］张志松．我国陆相找油的两个难点［J］．石油科技论坛，2001，12：36～40.

［48］张志松．怎样认识苏里格大气田［J］．石油科技论坛，2003，8：37～44.

［49］刘长军．浅析煤田测井地质学［J］．煤炭技术，2005，24(7)：92～93.

［50］罗菊兰，王西荣，王忠于．测井资料的地质分析［J］．测井技术，2002，26(2)：137～141.

［51］涂涛，刘兴刚，黄平，等．川东石炭系测井地质［J］．天然气工业，1998，18(2)：24～260.

［52］吴春萍．鄂尔多斯盆地北部上古生界致密砂岩储层测井地质评价［J］．特种油气藏，2004，11(1)：9～11.

［53］常文会，秦绪英．地层压力预测技术［J］．勘探地球物理进展，2005，28(5)：314～319.

［54］彭真明，肖慈珣，杨斌，等．地震、测井联合预测地层压力的方法［J］．石油地球物理勘探，2000，35(2)：170～174.

［55］肖慈珣，张学庆，文环明，等．中途测井资料预测井底以下地层压力［J］．天然气工业，2002(4)：23～26.

［56］张立鹏，边瑞雪，扬双彦，等．用测井资料识别烃源岩［J］．测井技术，2001，25(2)：146～152.

[57] 王贵文，朱振宇，朱广宇．烃源岩测井识别与评价方法研究[J]．石油勘探与开发，2002，29：50～52.

[58] 许晓宏，黄海平，卢松年．测井资料与烃源岩有机碳含量的定量关系研究[J]．江汉石油学院学报，1998，20(3)：8～12.

[59] 陆巧焕，张晋言，李绍霞．测井资料在生油岩评价中的应用[J]．测井技术，2006，30(1)：80～83.

[60] 谭延栋．测井识别生油岩方法[J]．测井技术，1988，12(6)：1～12.

[61] 运华云，项建新，刘子文．有机碳评价方法及在胜利油田的应用[J]．测井技术，2000，24(5)：372～376.

[62] Liu Shuang-lian, Liu Jun-lai, Li Hao. Definition and classification of low-resistivity oil zones[J]. Journal of China University ofmining & Technology, 2006, 16(2): 228～232.

[63] 李浩，刘双莲，吴伯服，等．低电阻率油层研究的3个尺度及其意义 [J]．石油勘探与开发，2005，32(2)：123～125.

[64] 李浩，刘双莲，郑宽兵，等．分析测井相预测歧50断块沙三段低电阻率油层 [J]．石油勘探与开发，2004，31(5)：57～59.

[65] 朱筱敏，王贵文，谢庆宾．塔里木盆地志留系层序地层特征[J]．古地理学报，2001，3(2)：64～71.

[66] 操应长，姜在兴，夏斌，等．利用测井资料识别层序地层界面的几种方法[J]．石油大学学报，2003，27(2)：23～26.

[67] 谢寅符，李洪奇，孙中春，等．井资料高分辨率层序地层学[J]．地球科学–中国地质大学学报，2006，31(2)：237～244.

[68] 金勇，唐文清，陈福利，等．石油测井地质综合应用网络平台 Forward. NET[J]．石油勘探与开发，2004，31(3)：92～96.

[69] 江涛．新一代测井地质综合应用网络平台 FORWARD. NET2.0[J]．石油工业计算机应用，2005，13(3)：9～11.

[70] 李军，张超谟．利用测井资料分析不同成因砂体[J]．测井技术，1998，22(1)：20～23.

[71] 尹寿朋，王贵文．测井沉积学研究综述[J]．地球科学进展，1999，14(5)：440～445.

[72] 欧阳健，王贵文，吴继余，等．测井地质分析与油气层定量评价[M]．北京：石油工业出版社，1999.

[73] 曾文冲．油气藏储集层测井评价技术[M]．北京：石油工业出版社，1991.

[74] 大港油田科技丛书编委会．大港油田开发实践[M]．北京：石油工业出版社，1999.

[75] 刘双莲，邓军，李浩，等．沉积界面变化对大港油田低电阻率油层分布的影响[J]．测井技术，2006，29(5)：467～468.

[76] 胡见义，黄第藩，等．中国陆相石油地质理论基础[M]．北京：石油工业出版社，1991.

[77] 王劲松，张宗和．吐哈盆地雁木西油田油藏描述[J]．新疆石油地质，2000，21(4)：286～289.

[78] 李军，张超谟，王贵文，等．前陆盆地山前构造带地应力响应特征及其对储层的影响[J]．石油学报，2004，25(3)：23～27.

[79] 贾进华．库车前陆盆地白垩纪巴什基奇克组沉积层序与储层研究[J]．地学前缘，2000，7(3)：133～145.

[80] 张玺．济阳坳陷桩海地区前第三系潜山构造样式[J]．油气地质与采收率，2006，13(4)：12～14.

[81] 谭明友．济阳拗陷地层压力预测方法[J]．石油地球物理勘探，2004，39(3)：314～318.

[82] 欧阳健，王贵文．电测井地应力分析及评价[J]．石油勘探与开发，2001，28(3)：92~94.

[83] 李浩，刘双莲．港东东营组低阻油层解释方法研究[J]．断块油气田，2000，7(1)：27~30.

[84] 李红，王国兴，淡申磊，等．低阻油层地质认识方法及应用——以河南稀油油田为例[J]．河南石油，2004，18(增刊)：21~25.

[85] 司马立强，郑淑芬，吴胜．测井地震结合储层参数推广反演技术及应用[J]．测井技术，2001，25(1)：12~25.

[86] 卢宝坤，史谞．测井资料与地震属性关系研究综述[J]．北京大学学报(自然科学版)，2005，41(1)：154~160.

[87] 中国石油志大港油田编写组．《中国石油志卷四》大港油田分册[M]．北京：石油工业出版社，1987.

[88] 祝世讷．从中西医比较看中医的文化特质[J]．山东中医药大学学报，2006，30(4)：267~269.

[89] 林文，吕乃达．脾脏生理功能的中西医比较及认识[J]．内蒙古中医药，2008，62~63.

[90] 李浩，游瑜春，郑亚斌，等．应用测井技术识别碎屑岩与碳酸盐岩地质事件及其差异[J]．石油与天然气地质，2011，32(1)：142~149.

[91] 刘双莲，赵连水．低饱和度油层的测井解释分析[J]．断块油气田，2000，7(5)：18~20.

[92] 邹才能，陶士振，周慧，等．成岩相的形成、分类与定量评价方法[J]．石油勘探与开发，2008，35(5)：526~540.

[93] 李浩，刘敬玲，刘双莲，等．浅论低电阻率油气层与地质背景因素的内在联系[J]．测井技术，2005，29(1)：37~39.

[94] 李浩，孙兵，魏修平，等．松南气田火山岩储层测井解释研究[J]．地球物理学进展，2012，27(5)：2033~2042.

[95] 李浩，刘双莲，魏修平，等．测井信息地质属性的论证分析[J]．地球物理学进展，2014，29(6)：2690~2696.

[96] 梅冥相，李浩，邓军，等．贵阳乌当二叠系茅口组白云岩型古油藏的初步观察与研究[J]．现代地质，2004，18(3)：353~359.

[97] 李浩，王骏，殷进垠．测井资料识别不整合面的方法[J]．石油物探，2007，46(4)：421~425. 121.

[98] 刘双莲，李浩，关会梅．影响陆成断块油藏微生物单井吞吐效果的地质因素研究[J]．石油天然气学报，2006，28(4)：121~123.

[99] 刘双莲，李浩，吴蕾．生产动态分析与小集油田流动单元研究[J]．断块油气田，2006，13(5)：31~33.

[100] 李浩，刘应红，刘双莲．测井技术评价海外油气课题面临的挑战与对策[J]．石油天然气学报，2007，29(3)：222~223.

[101] 李浩，刘双莲．浅论海外测井评价方法[J]．地球物理学进展，2008，23(1)：206~209.

[102] 肖卫权，刘双莲，王红漫，等．AC-αSP关系图版在大港油田羊二庄-赵家堡地区测井评价中的应用[J]．石油地质与工程，2008，22(3)：51~52.

[103] 刘双莲，李浩．印尼B区块低阻油气层成因研究[J]．石油天然气学报，2008，30(5)：81~84.

[104] 刘双莲，李浩．印尼G区块低电阻率油气层的成因机理研究[J]．测井技术，2009，33(1)：42~46.

[105] 李浩，王香文，刘双莲．老油田储层物性参数变化规律研究[J]．西南石油大学学报(自然科学版)，2009，31(2)：85~89.

[106] 李浩，刘双莲．测井信息的地质属性研究[J]．地球物理学进展，2009，24(3)：994~999.

[107] 李浩，刘双莲，王香文．小集油田注水开发前后储层参数变化特征研究[J]．石油物探，2009，48

(4)：407~411.

[108] 刘双莲. 鄂尔多斯盆地大牛地气田岩屑砂岩的测井技术研究及应用//油气成藏理论与勘探开发技术（二）——中国石化石油勘探开发研究院 2009 年博士后学术论坛文集[M]. 北京：地质出版社，2009，242~254.

[109] 李浩，刘双莲，魏修平. 测井地质学在我国的发展历程及启示[J]. 地球物理学进展，2010，25(5)：1811~1819.

[110] 李浩，刘双莲，魏修平. 浅析我国测井解释技术面临的问题与对策[J]. 地球物理学进展，2010，25(6)：2084~2090.

[111] 刘双莲，李浩，陆黄生. 测井资料在储层预测研究中的应用探索[J]. 地球物理学进展，2010，25(6)：2045~2053.

[112] 刘双莲，李浩. 大牛地气田岩屑砂岩的测井技术研究及应用[J]. 石油天然气学报，2011，33(2)：96~99.

[113] 刘双莲，陆黄生. 页岩气测井评价技术特点及评价方法探讨[J]. 测井技术，2011，35(2)：112~116.

[114] 刘双莲，李浩，周小鹰. 大牛地气田大 12-大 66 井区沉积微相与储层产能关系[J]. 石油与天然气地质，2012，33(1)：45~49.

[115] 李浩，刘双莲，魏水建，等. 测井技术在地震目标追踪应用中的方法探讨[J]. 地球物理学进展，2012，27(1)：193~200.

[116] 李浩，刘双莲，魏修平，等. 隐性测井地质信息的识别方法[J]. 地球物理学进展，2015，30(1)：195~202.

[117] 李浩，刘双莲，王丹丹，等. 我国测井评价技术应用中常见地质问题分析[J]. 地球物理学进展，2015，30(2)：776~782.

[118] 温志新，刘双莲，彭红波，等. 港西开发区低阻油层评价[J]. 石油天然气学报，2005，27(3)：489~490.

[119] Waynem. Ah 著. 姚根顺，沈安江，郑剑锋等译. 碳酸盐岩储层地质学[M]. 北京：石油工业出版社，2013.

[120] 雍世和，张超谟. 测井数据处理与综合解释[M]. 东营：中国石油大学出版社，1996.

[121] 欧阳健. 测井地质分析与油气藏定量评价[M]. 北京：石油工业出版社，1999.

[122] 赵良孝. 碳酸盐岩储层测井评价技术[M]. 北京：石油工业出版社，1996.

[123] 司兆伟，孔祥生，梁忠奎，等. 低对比度油气层形成机理新认识与测井解释方法研究[J]. 测井技术，2016，40(1)：56-59.

[124] 白松涛，郭笑锴，曾静波，等. 基于电成像测井的视地层水电阻率谱方法在低对比度储层评价中的应用[J]. 长江大学学报(自然科学版)，2016，13(9)：18~23.

[125] 张莹，王腾，徐波，等. 低对比度油气层测井识别方法——以渤海湾盆地冀东油田南堡 2-1 区东营组为例[J]. 新疆石油地质，2017，38(5)：616~619.

[126] 张少华，石玉江，陈刚，等. 鄂尔多斯盆地姬塬地区长 6-1 低对比度油层识别方法与产水率分级评价[J]. 中国石油勘探，2018，23(1)：71~80.

[127] 彭作林，郑建京，黄华芳，等. 中国主要沉积盆地分类[J]. 沉积学报，1995，13(2)：150~159.

[128] 李浩，刘双莲. 测井曲线地质含义解析[M]. 北京：中国石化出版社，2015.

后　记

POSTSCRIPT

　　古人很重视方法论研究，各行各业均有方法论，上升到哲学，就有老子的"道法自然"。对从业者而言，它是"道行"，只要入道，获得成就只在早晚。

　　自 1991 年至今，笔者从业 28 年，经历了前十年行业技术的令人信服，也体验着现今行业的风光不再，该现象困扰了笔者多年。按理说，测井专业知识仍在成倍增长，解决问题的能力却反不如前，岂不怪哉？以致不得不反思，学术界关于测井曲线的认知是否跑偏了？

　　一次偶然机会，笔者欣赏到宋代画家范宽的《雪景寒林图》，瞬间被其精湛画技吸引。画面林塑如诗，山势高耸，动人心魄，不禁对画家身世产生浓厚兴趣，百度百科记载如下：初学李成，后感悟"与其师于人者，未若师诸造化"，遂隐居终南、太华，对景造意，写山真骨，自成一家……。"云烟惨淡风月阴霁难状之景"始出于笔下，他的画作也自然"理通神会，奇能绝世"。好一个师诸造化！大自然是最写实的画家，当然也是最好的老师。

　　笔者感同身受，地下地质的真实肯定远胜于书本和文献，师从地下也许可另辟蹊径。遂付诸实践，先以各种现场实验结果刻度测井曲线：取之于各种岩心，笔者观察到地质事件演变带给测井曲线的隐秘关系；取之于岩样薄片，笔者观察到水-岩反应与测井曲线识别甜点的神秘因果；取之于生产测试，笔者观察到岩性与流体间残酷的地下竞争……

　　有了上述标定基础，使研究地质与测井间的响应本质成为可能。逐步弄清测井曲线之于地质，具有专属性、对应性及统一性这三种属性，基于这三种属性，笔者写出第一本著作《测井曲线地质含义解析》。该书提供了破解测井曲线地质含义的手段，基于地质理论研究测井曲线的新思维，有可能是测井评价研究的另一门径。但理论再好，缺乏实践支撑也是空中楼阁，地质学家最想看到的还是具体应用。看到利用测井曲线能准确找到地质证据，他们才有兴趣一试身手，本书因此而作。

　　事物发展的正确与否取决于方向。测井专业再次徘徊在十字路口，是墨守成规，坚守地球物理思维，还是勇于开拓，探索地质思维？笔者想引用唐代文学家刘禹锡的诗句：沉舟侧畔千帆过，病树前头万木春。困境永远为探索者留着一条密道，愿更多地质工作者加入测井曲线的研究中。